U0047850

世界第一簡單
機器學習

荒木 雅弘◎著

渡 真加奈◎作畫

Verte◎製作

序

　　本書舉出幾項機器學習中較具代表性的方式，並盡可能簡單解說其概要，預設的讀者為具備大一程度數學知識的機器學習初學者。如果自身對數學式不太熟悉，可翻閱各章後面的數學相關說明，大致掌握這些數學式的用處即可。

　　本書在內容的安排上，一開始會先設定問題，接著舉出解決該問題的方式，再對各機器學習手法進一步說明。各章設定的問題與解決方式如下：

章	問題	方式
1	預測活動參加人數	線性迴歸
2	判斷糖尿病高危險群	邏輯識別、決策樹
3	評估訓練成果	分割學習法、交叉驗證法
4	排行葡萄的等級	卷積神經網路
5	判斷糖尿病高危險群（再挑戰）	整體學習
6	推薦相關活動	集群分析、矩陣分解

　　各章所介紹的方式僅為基本方法，想要實際運用這些方式，建議先深入理解相關的專業參考書，再來嘗試挑戰。

　　最後，我想感謝給予這次執筆機會的歐姆社股份有限公司，也要向渡真加奈老師與Verte股份有限公司的同仁表達最深的謝意，感謝您們將我的拙劣原稿改編成如此生動活潑的漫畫故事。

　　　　　　　　　　　　　　　　　　　　　荒木雅弘

目 錄

序章

請教我機器學習！

該怎麼讓
機器學習呢？

清原學弟一點都沒變，明明已經出社會了，卻還跟學生時代一樣。

吵吵鬧鬧、慌慌張張、不聽他人講話，還有……

紗耶香學姊也跟以前一樣。

京野紗耶香
比清原大一歲的學姊，
目前就讀研究所碩二。

哈哈……還是一樣的嘮叨……

才沒有呢！

還是跟以前一樣可愛……

雖然現在被眼鏡擋著……

嗯～……

啊！我不是來敘舊的！請問波越老師什麼時候會回來？

還有，這是慰問品！

老師現在跟研究室的人參加國外夏季短期研究計畫，要兩個月後才會回來唷。

謝謝你！

唉唉——!?

啊啊，這樣會來不及……

怎麼？
有什麼急事嗎？

蹲下

喝喝～～

其實，我想向波越老師
請教機器學習……

機器學習？

我記得清原學弟是
在老家附近的區公所工作吧？
你以前還說：「工作找容易混的就好，
想在老家悠閒生活。」
為什麼突然想要學機器學習？

學生時代的
清原學弟

啊哈哈……

咦？求職找工作嗎？
隨便找事情不多的工作，
簡單混一混就好。

看來你遇到困難了。
來吧，跟學姊我
說說看？

……

區公所推廣部委託開發 AI 程式的顧問，預測市府舉辦活動的參加人數。

但是，那位顧問……

當具備通用解讀力的人腦型 AI 與區塊鏈（Blockchain）結合，出現奇點（Singularity）* 之後，人類將失去所有工作！

宣——言

這樣跟我們說……他用開發出來的 AI 程式，預測了前來參加的人數……

領旨！

AI 的預測結果是參加人數會減少！

非常感謝您！

參加人數

前年　去年 今年（預測）

我覺得怪怪的，就調閱一下數據，

咦？

結果發現他只是把過去兩年的數據用直線延長而已。

我趕緊跟宣傳的負責人反應，但卻不被當一回事……

所以，這次我打算讓機器根據過去的數據預測參加人數以說服負責人……

雖然我找到過去十年的詳細數據，

梅雨時期的降水量可能會影響參加人數……

嗯～～

6

但卻不知道該怎麼實作……

於是，我想向波越老師請教機器學習……

* 原為宇宙學專有名詞，指時空中一個普通物理法則不適用的點。現引申為電腦智慧與人腦智慧兼容時，科技在極短時間爆發性成長的轉捩點。

不，我在說清原學弟唷。

指責

咦！我!?

原來如此，真是太誇張。

沒錯吧。

你到去年為止還是資工系的學生，卻連這點事情都不會？

嗚……

說中

要害

但是，那件事並不是清原學弟負責的範圍喔。

的確不是我的工作……但想到那位顧問可能造成大家的困擾，我就想要想辦法解決……

回過神來時，就已經走到研究室了……

嗯……你這點還是跟學生時代一樣。

小聲

咦？

好吧！我決定了！

我就來教你機器學習！

宣言！

唉唉！?

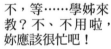

不，等……學姊來教？不、不用啦，妳應該很忙吧！

我自己會想辦法搞定，不用啦——啊哈哈哈！！

不、不、不！不行、不行、不行！我好不容易才封印對學姊的感情，兩個人單獨學習的話……學姊太小看成年男性的自作多情了！！

學弟不用客氣！機器學習能夠揭露顧問的投機取巧！沒問題的，清原學弟加油吧！

今天，這個慰問品就當作是學費。

嗚嗚……

♪那麼，我們到那邊的會議室

唉唉唉——……那、那就麻煩學姊了……

慘了，學姊說得這麼堅持，若是不聽她的話……

……話說回來，為什麼沙耶香學姊沒有跟波越老師一起去呢？

驚嚇！

咦!?

我正在找工作……

依照學姊的個性，一定在面試時開出許多條件吧？

要……要你管！

對如此狂妄自大的學弟，我會非常——嚴格地教你的！

啊！抱歉！請學姊手下留情……

隆隆隆 隆隆隆

那麼。

我想想……機器學習是讓 AI 分析大數據來推導答案嘛？

眼鏡耶。

首先，我先來確認清原學弟對機器學習了解多少吧。

這樣不是很正確，清原學弟。……嘛，也好。所謂的**機器學習**是……

根據大數據來建立可用來預測、判斷的模型。

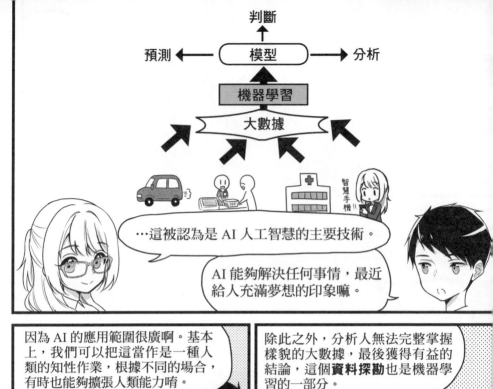

…這被認為是 AI 人工智慧的主要技術。

AI 能夠解決任何事情，最近給人充滿夢想的印象嘛。

因為 AI 的應用範圍很廣啊。基本上，我們可以把這當作是一種人類的知性作業，根據不同的場合，有時也能夠擴張人類能力唷。

喔——

除此之外，分析人無法完整掌握樣貌的大數據，最後獲得有益的結論，這個**資料探勘**也是機器學習的一部分。

資料探勘
透過統計學、〔機〕器學習，找出大資料中隱藏〔的〕關聯性。

如同上述，機器學習能夠處理廣泛的問題，雖然我們很難完整掌握樣貌，但可根據使用的資料種類分成三種：**監督式學習**（Supervised Learning）、**半監督式學習**（Semi-supervised Learning）、**非監督式學習**（Unsupervised Learning），會比較好理解了唷。

第 3 章 評估

機器學習

第 6 章　集群分析、矩陣分解

| 監督式學習 | 半監督式學習 | 非監督式學習 |

附有解答的資料

年齡	性別	時間	購買
35	男	16	Yes
24	男	9	Yes
22	女	21	No

勝利
↓
報酬

沒有解答的資料

長	寬	重
15	6	16
24	8	19
32	7	18

一開始先來說**監督式學習**吧。

就像學姊監督我學習嗎？

舉手！

嗯⋯⋯有點不太對，監督式學習是使用大量的問題與解答，訓練機器找出模型的手法

饅頭

舉例來說，如同清原學弟這次遇到的活動參加人數，輸出為數值，這種情況稱為「**迴歸問題**」。

而是否購買某商品，也就是輸出為 Yes 或 No 的情況，稱為「**識別問題**」。

迴歸問題的資料

房間佈局	車站步行	屋齡	租金
2DK	15	6	48000
1LDK	2	2	60000
2LDK	20	25	50000

識別問題的資料

年齡	性別	時間	購買
35	男	16	Yes
24	男	9	Yes
22	女	21	No

哼嗯哼嗯

分成迴歸和識別兩種。

根據這些問題對應的解答來假設模型，調整模型中的參數，以得到期望的輸出數值，這個作業就是機器的**學習**。

書寫筆記

慌張！

這邊突然出現好多術語！

你這次遇到的問題，不用全部理解也沒關係啦。

咀嚼 咀嚼

好吃 ♡

嗯好吃 ♡

最近常聽到 **Deep Learning**，那是什麼⋯⋯？

那是**深度學習**的意思，大多用於監督式學習。

接著講**半監督式學習**，清原學弟聽過人工智慧在將棋、圍棋上贏過人類的新聞嗎？

有聽過，真的很厲害。不久之前人工智慧還沒有辦法戰勝人類。

這個將棋、圍棋的人工智慧所使用的手法，就是半監督式學習之一的**增強式學習**（Reinforcement Learning）。

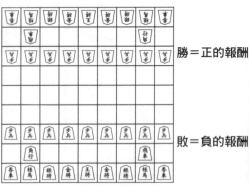

勝＝正的報酬

敗＝負的報酬

不提供在各種局面應該怎麼走下一步的正解。

增強學習對於不同的棋局不會提供應該怎麼下的正確資訊，但會配置勝敗相對應的報酬。

報酬嗎？跟人類一樣耶。

給妳。

沒錯。對我來說，報酬就是點心。

由報酬判斷到達最終局面的步驟是好是壞，這個模式也可應用於自動駕駛、機器人的控制上唷。

咀嚼 咀嚼

喔——現代社會真是方便，不愧是 21 世紀呀……

不要裝老人語氣。

最後是**非監督式學習**。這是對於每個資料，都沒有提供期望的輸出。

非監督式學習

沒有解答的資料

長	寬	重
15	6	16
24	8	19
32	7	18

這樣機器要怎麼學習？

嗯……暫時先跳過。你先記住非監督式學習的目的是「從大數據中找出對人類有幫助的結論」。

可以應用到「從購物網站的個人購買記錄顯示推薦商品」，或者「從機器的動作資訊發現異常」等等。

推薦的歌手

購買歷史記錄

ID	#1	#2	#3	#4
115		1		
124		1		1
232				1

門票

這樣有大致了解機器學習的整體概念嗎？

咀嚼 咀嚼

有的。

已經第 8 顆了……

紗耶香與女高中生小愛

好久不見，小愛。上次碰面是在外公家吧？

對啊，那個時候表姊妹都在嘛。話說回來，
紗耶姊，今天怎麼了嗎？

今天……大學的學弟來請教機器學習，我就幫他稍微上了
一下課，但不曉得他是不是真的聽懂……我記得小愛在高
中選擇理工組，所以想聽聽妳的看法。

機器學習是指 AI 嗎？人工智慧感覺好像很難。

機器學習的本質是根據資料建立數學模型，再由電腦來
驅動這個模型唷。這個數學模型的基礎部分，高中生應
該也大致能夠理解。

我是有在天文社編寫過觀測用的程式，數學也是喜歡
的科目，只有這些知識能夠理解嗎？

小愛的話，沒問題的。第一次上課講了迴歸問題，
妳能聽聽看嗎？

好吧。我就來聽聽這個困難的東西！

第 1 章

怎樣做迴歸？

線性迴歸！
正規化！

那麼，我們先來說**迴歸問題**吧。

拜託學姊了。

低頭

舉例來說，我們要預測市府舉辦的公關活動參加人數。

想要盡可能正確預測參加人數，以便提供適量的當地果汁。

幫了大忙！

1-1 預測數據的困難

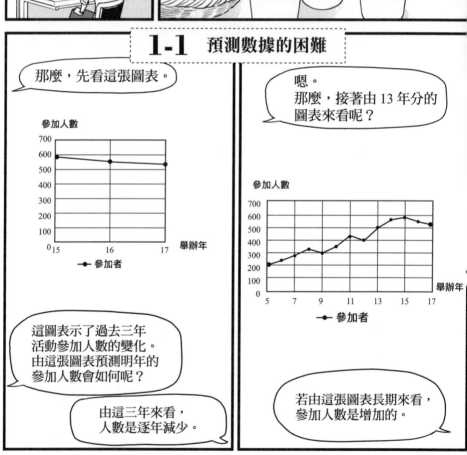

那麼，先看這張圖表。

參加人數

這圖表示了過去三年活動參加人數的變化。由這張圖表預測明年的參加人數會如何呢？

由這三年來看，人數是逐年減少。

嗯。那麼，接著由 13 年分的圖表來看呢？

參加人數

若由這張圖表長期來看，參加人數是增加的。

沒錯！根據觀看多少過去的數據，有時會出現完全相反的趨勢。

這就是投機取巧的顧問使用的手法？

是的。即便短期的趨勢正確，整體趨勢也未必近似直線。

是的！

1-2 從解釋變數求目標變數

那麼，清原學弟原本打算怎麼預測參加人數？

書寫 書寫 書寫

嗯……考量氣溫、天候，特別是梅雨季的降雨量等因素影響……

來討論使用這些因素的預測方法吧。想要預測的結果稱為**目標變數（應變數）**，影響結果的因素稱為**解釋變數（自變數）**。

好的！

首先，先來說單一解釋變數的情況。我們來看舉辦日的最高氣溫與參加人數的關係吧。

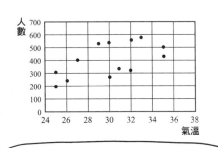

這圖是以解釋變數的氣溫為橫軸、以目標變數的參加人數為縱軸。想要由氣溫預測參加人數，需找出一條通過全部點的直線……

……但這不可能做到吧。

沒錯。所以，我們需要像這樣找到一條盡可能靠近所有點的直線。

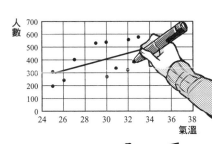

啪啪 啪啪——

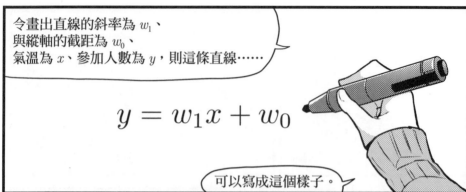

令畫出直線的斜率為 w_1、
與縱軸的截距為 w_0、
氣溫為 x、參加人數為 y，則這條直線……

$$y = w_1 x + w_0$$

可以寫成這個樣子。

如果天氣不炎熱的話，
參加人數可能會增加，
但好像又不一定是這樣。

沒錯。
那麼，我們來討論多個解
釋變數的情況吧。

有多個比較麻煩吧。

有些解釋變數對目標變數影
響很大，但也有些僅影響一
點，這會變得相當複雜。

影響 大

影響 小

氣溫　　濕度

為了將這樣的狀況轉為單純的模型，我們會根
據解釋變數的重要度來**加權**，再以相加起來的
值作為目標變數唷。

這樣的方法就
稱為**線性迴歸**。

氣溫 × 權重　相加起來

值＝目標變數的值

濕度 × 權重

線性迴歸是什麼？

喔！終於講到迴歸了。

然後，現在解釋變數
有兩個分別為 x_1、x_2，
令權重各自為 w_1、w_2，
調整整體數值的常數為 w_0，
則解釋變數的加權和……

$$y = w_1 x_1 + w_2 x_2 + w_0$$

可以寫成這個樣子。

跟剛剛的式子很像耶。

剛剛的表示二維圖形，
這個會是……？

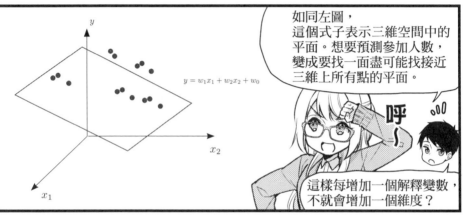

$$y = w_1 x_1 + w_2 x_2 + w_0$$

如同左圖，
這個式子表示三維空間中的
平面。想要預測參加人數，
變成要找一面盡可能找接近
三維上所有點的平面。

這樣每增加一個解釋變數，
不就會增加一個維度？

是的……歸納整理後可知，
當解釋變數有 d 個時，
數據會是 $d+1$ 維空間上的點，
變成要求接近通過這些點的
d 維超平面。

……嗯？
這樣一來，若有 10 個解釋變數，
會變成找出 10 維超平面嘛。
這樣不就沒辦法用剛才的做法處理？

沒錯！所以，這邊要借用數學的力量。

1-3 求線性迴歸函數

將 d 個解釋變數統整成 d 維向量 x；常數 w_0 以外的權重，也以 d 維向量 w 表示，則超平面的式子可如下所示：

$$y = w^{\mathrm{T}}x + w_0 \cdots\cdots\cdots\cdots (1.1)$$

T：轉置符號

Step1

前面的 y 表示解釋變數的加權和值，後面會用來表示訓練資料的目標變數值，另外以 $\hat{c}(x)$ 表示解釋變數的加權和值。c 上面的帽子（hat）意為「這是由資料推測的數值」，未必為正確的結果。

如此一來，式（1.1）變為：

$$\hat{c}(x) = w^{\mathrm{T}}x + w_0 \cdots\cdots\cdots\cdots (1.2)$$

想要讓迴歸函數接近每個資料點，表示解釋變數代入 x 所求出來的迴歸函數配適值 $\hat{c}(x)$，和目標變數觀測值 y 的差必須最小化。這個差距應對所有資料點盡可能最小。然而，對整個資料集而言，加上這個差距後，迴歸函數的配適值小於和大於目標變數觀測值的效果就會相互抵銷。

Step3

這邊將迴歸函數的配適值 $\hat{c}(x)$ 與目標變數觀測值 y 的差平方，稱該值為**平方誤差**，並以全資料的平方誤差和判斷迴歸函數的「好壞」。機器學習會以**最小平方法（least squares）**調整迴歸函數的權重使平方誤差為最小。

這邊在式（1.2）的向量 x 增加 0 維列且將該值固定為 1，並在向量 w 的 0 維列增加 w_0，則迴歸函數變為 $d+1$ 維向量的內積，可表為式（1.3）：

$$\hat{c}(x) = w^{\mathrm{T}}x \cdots\cdots\cdots (1.3)$$

Step4

此式的係數 w 由訓練資料 $\{(x_1, y_1), \cdots, (x_n, y_n)\}$ 來推算。推算時，式（1.3）算出的配適值 $\hat{c}(x)$ 與目標變數觀測值 y 的誤差應盡可能最小。誤差受到式（1.3）係數 w 的值所影響，將其令為 $E(w)$，以下式求算。

$$E(w) = \sum_{i=1}^{n}(y_i - \hat{c}(x_i))^2 \cdots\cdots\cdots\cdots (1.4)$$

$$= \sum_{i=1}^{n}(y_i - w^{\mathrm{T}}x_i)^2 \cdots\cdots\cdots\cdots (1.5)$$

Step5

這邊為了消去處理困難的總和計算，將解釋變數表為矩陣、目標變數表為向量。將 d 維列向量的解釋變數 x 並排成矩陣 X、目標變數 y 觀測值的列向量為 y，係數的列向量為 w，則誤差可表示如下：

$$E(w) = (y - Xw)^T(y - Xw) \cdots\cdots\cdots (1.6)$$

極值最小值會出現在對 w 微分為 0 的時候，所以欲求係數可表示如下：

$$X^{\mathrm{T}}(y - Xw) = 0 \cdots\cdots\cdots\cdots\cdots (1.7)$$
$$w = (X^{\mathrm{T}}X)^{-1}X^{\mathrm{T}}y \cdots\cdots\cdots\cdots (1.8)$$

*註：日本為橫行直列，與台灣相反。　　　　　　A^{-1}：矩陣 A 的反矩陣

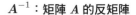

換句話說，使平方誤差最小的權重向量 w，可由訓練資料解析求得。將向量 w 代入式（1.3），就能求得線性迴歸函數 $\hat{c}(x)$。

1-4 正規化的效果

只要係數呈現線性，
即便是高次方程式的迴歸
式，也可用相同的方法加
權計算。

如此一來，不管形式
再怎麼複雜的迴歸式，
機器都能夠學習。

了解數學上的權重之後，
剩下就是套用到式子上
就行了吧？

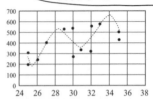

那可不一定了。
這個式子的輸入稍微有些變動，
輸出就會出現很大的變化，結果只有訓
練資料才能跑出好的結果。

這樣就不好了。
該怎麼辦才能做到
好的預測呢？

輸入稍微變動
就造成輸出明顯改變，
表示式子的係數很大，
我們可以減小係數。

那麼，
就趕快……

在那之前，
從別的觀點來看權重，
有時比起預測的正確性，
學習結果的可解釋性更重
要。

撥開

來，
吃饅頭

一半

比起正確性，可
解釋性更重要？

咀嚼 咀嚼

像是產品的品質預測，
比起從多數特徵量順利預測，
有時會比較想知道哪個特徵
對產品品質影響比較大吧？

出現不良品的時候，
這樣做才能找出
特定原因嘛。

饅頭

【特徵量】

・ 低筋麵粉
・ 豆餡
・ 砂糖

→ 哪一個對品質
影響最大？

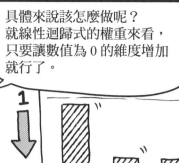

具體來說該怎麼做呢？
就線性迴歸式的權重來看，
只要讓數值為 0 的維度增加
就行了。

換句話說，就迴歸式中的係數 w 來看，
我們需要盡可能減少大數值的係數，
或者增加數值趨近零的係數。

這個方法就是
正則化（Regularization）。

正則化

就是不要讓係數變大嘛。

正則化的方法分為兩種，
Ridge 迴歸盡可能減少大
數值的係數，

和 **Lasso 迴歸**增加數值
趨近零的係數。

Ridge迴歸

Lasso迴歸

在誤差的式子裡加上**正則化項**，
就能夠達成目的。

首先，
先來說 Ridge 迴歸。

這是以參數 w 的平方為
正則化項的 Ridge 迴歸。

配合正確解答，
將這邊調小的
話……

那麼這邊
就要調大。

$$E(w) = (y - Xw)^{\mathrm{T}}(y - Xw) + \alpha w^{\mathrm{T}} w$$

調整好
平衡

這個 α 是指什麼？

權重的數值
過小的話……

會偏離正確
解答很遠。

α 是正規化項的權重，
數值大表示比起性能，
更重視正則化的效果，
數值小則變為重視性能的參數。

性能

正規化
的效果

重視

如同用最小平方法求
Ridge 迴歸式的參數，
求對 w 微分為 0 時的 w 值，
式子會變成這樣：

$$w = (X^{\mathrm{T}}X + \alpha I)^{-1}X^{\mathrm{T}}y$$

I：單位矩陣

話說回來，
為什麼叫
Ridge 迴歸？

接著，我們來說以參數
w 絕對值為正則化項的
Lasso 迴歸。

Ridge 是山脊的意思，
有種說法是因單位矩陣
看起來像山脊，
才如此命名。※

哦

Ridge 是 w 的平方，
Lasso 是 w 的絕對值嘛。

Lasso 是什麼意思？

Lasso 是「繩套」的意思，
所以也有人說成「繩套迴歸」。

如同剛剛稍微提到，
Ridge 迴歸是藉由減小參數的
值，對式子進行正規化。

投繩套，
是牛仔用的那個嗎？

24

※ 也有其他說法。

取從多數特徵中
投繩套住小數參數的意思，
有些人會這樣稱呼。

順便一提，Lasso 是截取
原論文上 Least absolute shrinkage
and selection operator 的字頭。

這樣啊。

Lasso 迴歸使用的誤差評估式
會是……

$$E(\boldsymbol{w}) = (\boldsymbol{y} - \boldsymbol{X}\boldsymbol{w})^{\mathrm{T}}(\boldsymbol{y} - \boldsymbol{X}\boldsymbol{w}) + \alpha \sum_{j=1}^{d} \mid w_j \mid$$

這樣

w_0 是迴歸式的截距，
其值大小不影響迴歸式的
泛化能力（Generalization Ability），
通常不會是正則化的對象。

式中 α 正則化項的
權重愈大，則數值
為 0 的權重愈多。

Lasso 迴歸的解
要怎麼求出來？

因為原點包含不可微分的絕對值，不能像
最小平方法一樣分析推算，這邊會用可微
分的二次函數來找正則化項的上限，

反覆調整這個二次函數的
參數，使誤差盡量變小。

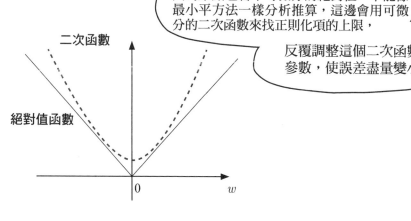

二次函數

絕對值函數

0

w

Lasso 迴歸會
分散權重非零的解釋函數，
能夠找出影響力較大的項目。

真方便。

那麼，來說 Ridge 迴歸
和 Lasso 迴歸
在處理正規化上的差異吧。

拜託學姊了。

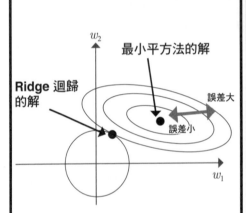

w_2

最小平方法的解

Ridge 迴歸
的解

誤差大

誤差小

w_1

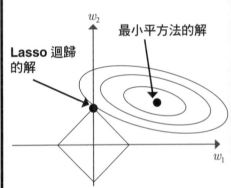

w_2

最小平方法的解

Lasso 迴歸
的解

w_1

Ridge 迴歸如圖所示，
藉由將參數範圍限定在圓
（在 d 維空間則為超球）之中，
讓各項權重不至於過大。

與誤差函數等位線的切點，
通常為落於圓周上，
該點就會是權重值。

這樣做的確會讓
參數的值變小。

而 Lasso 迴歸是將參數的總
和固定，如圖所示數值會限
制在以各軸為角的區域內。

然後，這個稜角處
與誤差函數的等位線相切。

在稜角的部分，
為 0 的參數會比較多嘛。

這會反映到 Lasso 迴歸的
正則化上。

那麼，我們接著用程式語言 Python 來實作迴歸吧。
Python 擁有充足的機器學習函式庫 scikit-learn，常用來開發機器學習系統。

……Python 啊，老實說，我不太會程式設計。

一開始先讀取函式庫，scikit-learn 中有內建幾個試用的資料，我們能用指令敘述將這些資料載入 datasets 套件，迴歸可使用線性迴歸（LinearRegression）、Ridge 迴歸、Lasso 迴歸。

```
from sklearn.datasets import load_boston
from sklearn.linear_model import LinearRegression, Ridge, Lasso
```

訓練用的資料包含犯罪發生率、房間數、選址等不動產相關的 13 個特徵（自變數），和不動產價格組成的 Boston 資料。

如同下面的程式碼，範例 boston 的 data 屬性是特徵向量轉置後按列方向排成的矩陣（13 維的特徵為行向量的形式，總共有 506 件），而 target 屬性則是輸入各物件價格的列向量。

另外，Boston 資料的詳細內容，可用指令 print（boston.DESCR）將範例 boston 的 DESCR 屬性顯示在螢幕上。

```
boston = load_boston()
X = boston.data
y = boston.target
```

scikit-learn 所使用的編碼適用大部分機器學習手法，這邊先作出訓練用的範例。

```
lr1 = LinearRegression()
```

對於這個範例，鍵入訓練指令 fit，能夠以參數的形式呼叫特徵向量的集合 X 和正確解答 y。

```
lr1.fit(X, y)
```

這樣就作出線性迴歸，接著鍵入指令 predict，以參數形式呼叫想要預測數值的資料（13 維向量 x），輸出預測值。

然後，我們來看正規化的效果吧。首先，先在螢幕上顯現剛剛學習的線性迴歸式的係數和其平方和。

```
print("Linear Regression")
for f, w in zip(boston.feature_names, lr1.coef_) :
    print("{0:7s}: {1:6.2f}". format(f, w))
print("coef = {0:4.2f}".format(sum(lr1.coef_**2)))
```

```
Linear Regression
CRIM    :  -0.11
ZN      :   0.05
INDUS   :   0.02
CHAS    :   2.69
NOX     : -17.80
RM      :   3.80
AGE     :   0.00
DIS     :  -1.48
```

```
RAD    :    0.31
TAX    :   -0.01
PTRATIO:   -0.95
B      :    0.01
LSTAT  :   -0.53
coef = 341.86
```

接著，用同樣的步驟進行 Ridge 迴歸。因為資料已經載入 X 和 y，可直接從作成訓練範例的地方開始。此時，如果有指定的參數，以「參數名＝值」的形式轉為範例參數。這邊將正規化項的權重 α 設為 10.0。

```
lr2 = Ridge(alpha=10.0)
lr2.fit(X, y)
print("Ridge")
for f, w in zip(boston.feature_names, lr2.coef_) :
    print("{0:7s}: {1:6.2f}". format(f, w))
print("coef = {0:4.2f}".format(sum(lr2.coef_**2)))
```

```
Ridge
CRIM   :   -0.10
ZN     :    0.05
INDUS  :   -0.04
CHAS   :    1.95
NOX    :   -2.37
RM     :    3.70
AGE    :   -0.01
DIS    :   -1.25
RAD    :    0.28
TAX    :   -0.01
PTRATIO:   -0.80
B      :    0.01
LSTAT  :   -0.56
coef = 25.73
```

由係數的平方和可知，整體的數值會變小。那麼，接著是 Lasso 迴歸，將正規化項的權重 α 設為 2.0，會發現幾項的係數會陸續變成 0。

```
lr3 = Lasso(alpha=2.0)
lr3.fit(X, y)
print("Lasso")
for f, w in zip(boston.feature_names, lr3.coef_) :
    print("{0:7s}: {1:6.2f}". format(f, w))
print("coef = {0:4.2f}".format(sum(lr3.coef_**2)))
```

```
Lasso
CRIM   :  -0.02
ZN     :   0.04
INDUS  :  -0.00
CHAS   :   0.00
NOX    :  -0.00
RM     :   0.00
AGE    :   0.04
DIS    :  -0.07
RAD    :   0.17
TAX    :  -0.01
PTRATIO:  -0.56
B      :   0.01
LSTAT  :  -0.82
coef = 1.02
```

到這裡能夠跟上嗎？

勉勉強強……

冒煙

頭頂

那麼，關於實作的部分……

不，
我不能這麼依賴紗耶香學姊……！

再繼續兩人獨處下去
可就糟糕了！

？

嗚！

果然
好可愛……

剩下的我會
自己搞定！

謝謝學姊的幫忙！！

逃

跑

啊！

沒問題嗎？

啪噠
喀嚓
啪噹
噠噠噠

呼！

呼！

呼！

哇！那個人到底是怎樣，
太可愛了吧！
明明那麼優秀，卻找不到工作！

還有她饅頭
也吃太多了吧！

嗚喔喔喔

唉……工作兩個月，
已經有一段時間沒有碰面了，
還想說這份感情已經淡化……

嗚……

她對我的印象
還是跟以前一樣吧。

數年前

清原學弟就像弟弟一樣。

弟弟……

那句話現在想起來
還是一樣讓人難過……

沒有結果的戀愛
太空虛了。

算了，今天學到了
機器學習的知識。

我來想辦法
搞定那個顧問吧！

決心

……清原學弟之前真的沒有學好機器學習……
真不曉得大學四年都在做什麼。

他頭腦還不錯，指點一下就能馬上吸收，要是學生時拿出幹勁就好了。

啊

空空如也

饅頭全都沒了

不過，對學習、工作都沒有幹勁的清原學弟，竟然會利用工作上的補假來大學進修……

是不是稍微有點改變了？

……不對，還是跟以前一樣？

紗耶香的房間②　數學的複習①

……我是這樣教那位清原學弟。
小愛到哪邊能夠聽懂？

出現好多向量、矩陣耶。向量是用括號括住一排數字，二維向量是 (a, b)、三維向量是 (a, b, c)，但 d 維向量我就不太清楚了……

d 在 4 以上後，無法想像該空間，的確會覺得比較難懂。不過，我們不用勉強想像空間，可簡單看作是許多數字排在一塊就行了。

$$x = \begin{pmatrix} x_1 \\ x_2 \\ \vdots \\ x_d \end{pmatrix}$$

數字縱向排成的列向量有什麼意義嗎？

沒有特別的意義，但這邊在排列多個特徵時，約定俗成會排成縱方向。機器學習會很常遇到矩陣和向量的乘法計算，矩陣從左側乘上行向量時，可用矩陣的積來表示矩陣的合成，相當便利。

日本高中沒有教矩陣……。*

嗯……矩陣可以想成是數字排成四角型。

---

* 根據 2018 年 11 月國民基本教程綱領，台灣高中有教到矩陣，但日本高中課綱已經完全刪去，改到大學才教矩陣的觀念。

日本數學的行列定義是橫為行、縱為列，台灣則是橫列直行。在此請注意是以橫行直列來計算。*

原來如此！

舉例來說，行方向有兩個數字、列方向有兩個數字，會稱為 2 行 2 列的矩陣。矩陣的加法是相加相同位置的數字，但乘法就比較麻煩了。

$$\begin{pmatrix} 1 & 2 \\ 3 & 4 \end{pmatrix} \cdot \begin{pmatrix} 5 & 6 \\ 7 & 8 \end{pmatrix} = \begin{pmatrix} 1 \times 5 + 2 \times 7 & 1 \times 6 + 2 \times 8 \\ 3 \times 5 + 4 \times 7 & 3 \times 6 + 4 \times 8 \end{pmatrix} = \begin{pmatrix} 19 & 22 \\ 43 & 50 \end{pmatrix}$$

相乘後矩陣第 n 行第 m 列的數值，是取出前面矩陣的第 n 行和後面矩陣的第 m 列，依行列數字出現的先後順序相乘，再把各乘積相加起來求得。

這樣的話，如果前面矩陣的行數和後面矩陣的列數不同，就沒有辦法做乘法。

是的。妳很清楚嘛。事先理解矩陣乘法的定義是 i 行 j 列的矩陣乘上 j 行 k 列的矩陣，計算結果為 i 行 k 列矩陣的話，就能夠輕鬆讀懂式子。

i 行 j 列　　　　j 行 k 列　　　＝　　　i 行 k 列

* 在台灣是直行橫列。

接著，再了解轉置和反矩陣就沒問題了。矩陣 X 的轉置矩陣記作 X^T，只是將矩陣的行列對調而已。

可是，在式（1.1）是轉置向量 w。

向量可想成是矩陣的特殊情況，比如 d 維列向量可看作是 d 行 1 列的矩陣。

啊，對唷。因為 w 是 d 行 1 列，w^T 會是 1 行 d 列，而 x 是 d 列 1 行，所以能夠計算 $w^T x$ 的乘法，結果為 1 行 1 列的矩陣……。
哎！1 行 1 列的矩陣，不就是普通的數字？

是的。普通的數字稱為純量，$w^T x$ 是純量、w_0 也是純量，兩者相加起來的 y 當然也會是純量。

嗯哼嗯哼。

然後，比較複雜的是式（1.8）出現的反矩陣（日文：逆行列）。矩陣 A 的反矩陣記作 A^{-1}。對了，小愛知道 5 的倒數（日文：逆數）嗎？

倒數，是乘以該數結果為 1 的數，所以 5 的倒數是 $\frac{1}{5}$ 嘛。

是的。基本上，反矩陣也是相同的思維。在矩陣世界中，相當於 1 的矩陣稱為單位矩陣。單位矩陣是行數和列數相同的正方矩陣，一般記作 I。矩陣裡面右斜對角線的元素為 1，其餘的元素皆為 0。

為什麼單位矩陣相當於 1 呢？

妳隨便找一個正方矩陣乘上單位矩陣看看。
結果是不是沒有改變呢？

對唷。數字 1 也是任何數字乘以 1 都不改變嘛。

$$\begin{pmatrix} 1 & 2 \\ 3 & 4 \end{pmatrix} \cdot \begin{pmatrix} 1 & 0 \\ 0 & 1 \end{pmatrix} = \begin{pmatrix} 1 & 2 \\ 3 & 4 \end{pmatrix}$$

2 行 2 列矩陣 A 的反矩陣 A^{-1}，可用下面的計算公式求得。
而 d 行 d 列的反矩陣，通常會交由電腦來計算。

$$\begin{pmatrix} a & b \\ c & d \end{pmatrix}^{-1} = \frac{1}{ad - bc} \begin{pmatrix} d & -b \\ -c & a \end{pmatrix}$$

這邊只要知道反矩陣 A^{-1} 從左邊（或右邊）乘上原矩陣 A，會變成單位矩陣 I 就行了。

還有其他不懂的地方嗎？

這個記號（Σ）。

這是唸作 Sigma 的希臘文字，表示總和的記號。

$w_1x_1 + w_2x_2 + \cdots + w_dx_d$ 可用 Σ 簡記為 $\displaystyle\sum_{i=1}^{d} w_ix_i$。

還有用向量對函數微分的地方不懂。

嗚。這個……

下次再來說明，妳先把向量當作是普通的變數來微分。

這樣的話就沒有了。我記得權重是用式（1.8）來求嘛。

第2章

怎麼進行識別？

決策樹，
是什麼樣
的樹？

紗耶香學姊在嗎？

磅

！

哇啊！

嚇我一跳——！

真是的！
進出研究室的
時候要安靜！

對、對不起……

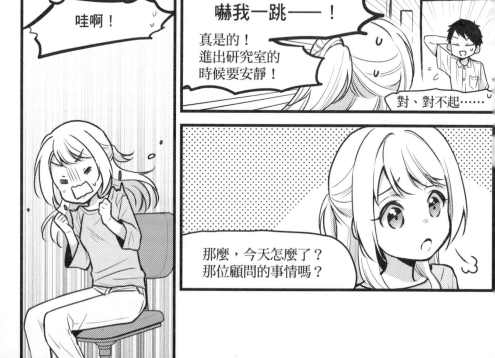

那麼，今天怎麼了？
那位顧問的事情嗎？

喔喔！

小甜點！

是的！多虧學姊的幫忙，順利解決了！

拿出！

我在那之後試著用線性迴歸分析，跑出參加人數會增加的預測。

做到了！

我搬出紗耶香學姊的說明，搭配分析出來的數據，終於說服負責人增加飲料的訂單……

特產品

橘子

活動當天如同預期，參加人數大幅增加，辦得非常成功！

總之，還好沒有被那位顧問騙了！

咀嚼 咀嚼

是啊！多虧學姊的幫忙！真的非常謝謝妳！

這樣清原學弟也能專心回到一般業務了！

嗚……

怎麼了？還有其他問題？

啊……沒有啦～

因為這次的事情，區公所內部對我另眼相看……

那傢伙非常了解機器學習喔。

唉唉！？

一傳十、十傳百，現在很多人都跑來向我請教機器學習……

哦——比如什麼事情？

我隸屬的健康福祉課，想以延長市民的健康壽命來節省地區醫療費，

web
網路測驗

糖尿病診斷測驗
Yes No
請選擇答案

特別是最近糖尿病患者人數增加，同仁詢問該怎麼做才能利用健康診斷資料判斷高危險群，提供他們相關的醫療建議。

我稍微看了一下相關資料……

嗯……雖然全部有十年份，但有些人某些年未就診，也有些人部分項目沒有檢查，而且，這不是迴歸問題，而是分類輸出的識別問題……

……我不知道
該怎麼辦……

因為上次只有教到
迴歸問題嘛……

總之,
我會想辦法
搞定的。

啊!
已經這麼晚了。

我今天是下午班,
得回去準備一下。
上次真的很謝謝
學姊……

起身!

等一下,
清原學弟。

我來教你識別問題吧?

(Recognition:識別、辨識。)

建

講!

唉!?

不用麻煩學姊啦。
我今天只是來道謝而已!

但是,清原學弟這次遇到的問
題,跟市民的健康有關吧?

唉?

不、不、不,
我已經決定不想再繼續
沒有結果的戀愛,拜託放過我吧~!
這樣我又會喜歡上學姊──

……好死不死
偏偏是這間餐廳……

像弟弟一樣。

清原學弟已經
算是我的學生了。

經過數年，
位置從弟弟
變成學生……

這算是有進步？還是退步？
到底是那邊──!?

抱頭

清原學弟！

在餐廳也要
保持安靜！

紗耶香學姊！

噗通！

好、好可愛……！

45

抱歉……假日還要麻煩學姊。

那麼，我要水蜜桃聖代、巧克力蛋糕、豆沙涼粉、咖啡凍還有自助飲料杯。

啊，我要起司蛋糕和自助飲料杯……

學姊真的很喜歡甜食。

還好啦～因為天氣變熱了。這個季節的甜點很好吃唷。

啪咚！

為什麼道歉？提議的人是我唷。

總之先點些什麼吧。

那麼

喀嚓

我們開始上課吧。

2-1　整理資料

那麼，我們來討論如何判斷糖尿病高危險群吧。

雖然資料有十年份，但也遺漏很多資料……

性別	年齡	BMI	血糖值	最高血壓	糖尿病
女	65	22	180	135	No
男	60	28	200	140	Yes
男	75	21		120	No
女	72	25		140	No
男	65	26	210		Yes
男	80	19	175	112	No

遺漏值

出現遺漏值的場合，硬是讓機器學習的話，會對結果帶來不好的影響，所以要從整理資料著手才行。

這該怎麼來整理？

若是大量資料的話，可以直接捨棄出現遺漏的資料，但學弟想要有效活用貴重的資料吧！

丟掉！

資料

是的。

比較安全的做法是，在遺漏的地方填入該特徵的平均值。

原來如此，這樣做好像不錯。

不過……若是資料數少且出現極端值的話，有時就不適合用平均值。

唉!?那該怎麼辦？

為了免受極端值的影響，有一種方法是以中位數或者眾數代替平均值。

眾數 0

一天吃掉的蛋糕個數

平均值（22÷9）約 2.4

中位數（9 人中的第 5 人）1

比起平均值，受到極端值的影響比較小。

但是，不管怎麼說，增加特定值的資料，可能會擾亂資料的分布，在整理資料時需要注意。

好的！

2-2 由資料預測類別

然後，**識別問題**是將輸入分至事前決定的類別。

典型的識別問題有聲音或文字的辨識、評論文章的 PN 判定、有無疾病的判定等等。

聲音

文字

評論
非常棒
☆☆☆☆☆
十分滿意！

疾病

PN 判定是什麼？

是 positive 還是 negative？

也就是正面評論還是負面評論的判定。

是的！
有沒有罹患某種疾病、是不是垃圾信件等等，這是將輸入的訊息分成兩類的問題。

是不是日本點心

豆沙涼粉（正例）

蛋糕（負例）

其他甜點　　日本點心

首先，我們先來討論識別問題中最單純的**二元分類問題**（Binary Classification Problem）吧。

二元分類問題，意思是分成兩個類別嘛？

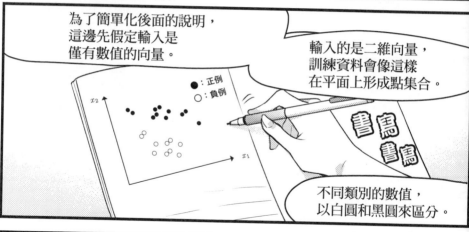

為了簡單化後面的說明，這邊先假定輸入是僅有數值的向量。

輸入的是二維向量，訓練資料會像這樣在平面上形成點集合。

●：正例
○：負例

x_2

x_1

書寫書寫

不同類別的數值，以白圓和黑圓來區分。

……會很難看嗎？
從你那邊是倒過來的吧。

唉！不會，沒有問題喔，非常清楚！

坐在旁邊比較容易說明……

起身

不、不用、不用！
保持這樣就行了！

啊哇哇哇

我坐到你旁邊。

啊……那、那、那個，我坐過去妳那邊！

48

可惡——！
好近——！

子了。那麼，
青看一下這張圖，
你有看出什麼嗎？

嗯嗚～

嗯……

跟做迴歸問題時一樣，
找出能夠區分白圓和
黑圓的直線嗎？

x_2

x_1

是的。
就從這個方向
來討論吧。

2-3　邏輯識別

換句話說，識別問題可以
看作是迴歸的延伸問題。
那麼，我們就來講邏輯識別吧！

什麼是邏輯識別？
根據輸入資料的加權和，
找出一個函數
使正例時輸出接近 1 的數值、
負例時輸出接近 0 的數值。

好的！

見在討論的二元分類問題，
其特徵向量 $x = (x_1, \cdots, x_d)$
的各特徵加權和為
$w_1 x_1 + \cdots + w_d x_d$ ，

我們要想辦法調整權重
讓正例項的輸出接近 1 的
數值、反例項的輸出接近
0 的數值。

●黑圓×權重＝接近 1 的數值

○白圓×權重＝接近 0 的數值

像這樣調整權重

換句話說，只要調整迴歸式中的權重讓
正例時輸出接近 1、反例時輸出接近 0
就行了。
然後，因為在原點 $x = 0$ 沒有辦法判斷，
需要加上常數 w_0 作為新的參數，

$$\hat{g}(x) = w_0 + w_1 x_1 + \cdots + w_d x_d = w_0 + \boldsymbol{w}^T \boldsymbol{x}$$

書寫

我們要找到這樣
的函數。

$$\hat{g}(\boldsymbol{x}) = w_0 + w_1 x_1 + \cdots + w_d x_d = w_0 + \boldsymbol{w}^T \boldsymbol{x}$$

式中的 $w^T x$ 是向量 w 和向量 x 的內積，為對應維度元素的乘積總和。

那麼，這邊令 $\hat{g}(\boldsymbol{x}) = 0$，從式子的形式轉為 d 維超平面。將這個平面如上述進行調整後，你覺得會怎麼樣呢？

嗯⋯⋯
因為平面為 0⋯⋯

難道是
平面正的一側形成正例的空間，平面負的一側形成負例的空間嗎？

沒錯！

還有，不要忘記平面上的點也沒辦法判別是哪一個類別。

啊啊，原來如此。

像這樣
在特徵空間上分割類別的面，稱為**識別面**。

然後，各點與識別面的距離表示判定機率。

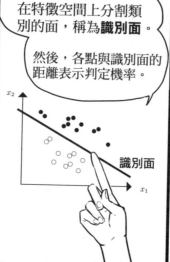

識別面

但是，維持這個樣子的話，$\hat{g}(\boldsymbol{x})$ 可能會因 x 的值變得極大或者極小吧？

啊啊，的確，值可能落在 $+\infty$ 至 $-\infty$ 之間。

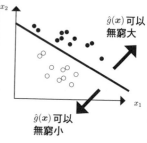

$\hat{g}(\boldsymbol{x})$ 可以無窮大

$\hat{g}(\boldsymbol{x})$ 可以無窮小

這樣在轉換機率上會遇到困難，所以需要控制 $\hat{g}(x)$ 的輸出範圍介於 0 與 1 之間，調整讓屬於正例的 x 輸出接近 1 的數值，屬於負例的 x 輸出接近 0 的數值。

這要怎麼做才好？

我們可如下式一樣用 $\frac{1}{1+e^{-(w_0+\boldsymbol{w}^T\boldsymbol{x})}}$ 轉為事後機率來做到。

$$p(+\mid x) = \frac{1}{1+e^{-(w_0+\boldsymbol{w}^T\boldsymbol{x})}}$$

那麼，x 為負類別的機率為？

嗯……用 1 減去正類別的機率，所以是 $p(-\mid \boldsymbol{x}) = 1 - p(+\mid \boldsymbol{x})$ 嗎？

沒錯！

這個式子的圖形會像是這樣。

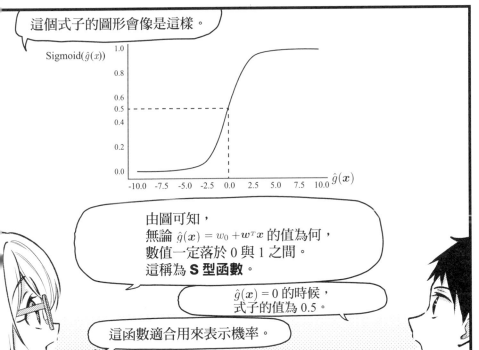

由圖可知，
無論 $\hat{g}(x) = w_0 + \boldsymbol{w}^T x$ 的值為何，
數值一定落於 0 與 1 之間。
這稱為 **S 型函數**。

$\hat{g}(x) = 0$ 的時候，
式子的值為 0.5。

這函數適合用來表示機率。

接著來說明邏輯識別的學習吧。
邏輯分類器可看作是以權重為參數的機率模型。

※ 為了說明上的簡潔，後面的 $\boldsymbol{w}$ 包含了 w_0。

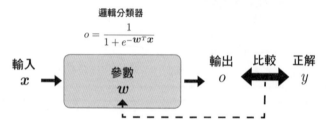

在這個模型中，令輸入訓練資料 D 之 x_i 時的輸出為 o_i，期望得到的輸出為正確資訊 y_i。假定這是二元分類問題，正例為 $y_i = 1$、負例為 $y_i = 0$。

建立的模型能夠順利解釋訓練資料到什麼程度？我們將**似然（likelihood）**如下定義，作為評估的量值。Π 是表示總乘積的符號。

$$P(D \mid \boldsymbol{w}) = \prod_{\boldsymbol{x}_i \in D} o_i^{y_i}(1-o_i)^{(1-y_i)}$$

$o_i^{y_i}(1-o_i)^{(1-y_i)}$ 表示第 i 項資料是正例（$y_i = 1$）時為 o_i、負例（$y_i = 0$）時為 $1 - o_i$。換句話說，若能順利調整權重 $\boldsymbol{w}$，使正例時的輸出 o_i 接近 1、負例時的輸出 o_i 接近 0，則可以增大權重與資料的總乘積 $P(D \mid \boldsymbol{w})$。

在求概度最大值時，我們會轉成對數似然（log likelihood）
來處理，以方便計算。

$$L(D) = \log P(D \mid \boldsymbol{w}) = \sum_{\boldsymbol{x}_i \in D} \{y_i \log o_i + (1-y_i)\log(1-o_i)\}$$

為了幫助理解最佳化的問題，這邊會將對數似然加上負號，以定義為誤差函數 $E(\boldsymbol{w})$，這就變成討論誤差函數的最小化問題。

$$E(\boldsymbol{w}) = -\log P(D \mid \boldsymbol{w})$$

將此函數微分來求 $\boldsymbol{w}$ 的極值。因為模型是邏輯分類器，所以輸出的 o_i 會呈現 S 型函數。

S 型函數微分的做法如下：

$$S(z) = \frac{1}{1 + e^{-z}}$$

$$S'(z) = S(z) \cdot \left(1 - S(z)\right)$$

模型的輸出為權重 $\boldsymbol{w}$ 的函數，所以當 $\boldsymbol{w}$ 改變，誤差的值也會不同。遇到這樣的問題，我們可用梯度下降法（Gradient Descent）來求解。
梯度下降法是，藉由反覆將參數朝向欲最小化函數的梯度方向些微移動，最後收斂至最佳解的方法。

這邊的話是將參數 $\boldsymbol{w}$ 朝向誤差 $E(\boldsymbol{w})$ 的梯度方向些微移動。
將這個「些微」的量記為訓練係數 η，則梯度下降法的權重公式可改寫如下：

$$\boldsymbol{w} \leftarrow \boldsymbol{w} - \eta \frac{\partial E(\boldsymbol{w})}{\partial \boldsymbol{w}}$$

然後，我們可用下面的方式計算誤差 $E(\boldsymbol{w})$ 的梯度方向。

因此，權重公式會改寫成：

$$\frac{\partial E(\boldsymbol{w})}{\partial \boldsymbol{w}} = -\sum_{\boldsymbol{x}_i \epsilon D} \left(\frac{y_i}{o_i} - \frac{1 - y_i}{1 - o_i} \right) o_i (1 - o_i) \boldsymbol{x}_i = -\sum_{\boldsymbol{x}_i \epsilon D} (y_i - o_i) \boldsymbol{x}_i$$

$$\boldsymbol{w} \leftarrow \boldsymbol{w} + \eta \sum_{\boldsymbol{x}_i \epsilon D} (y_i - o_i) \boldsymbol{x}_i$$

當權重的更新量降到事先設定的門檻值以下時，就可以停止梯度下降法。

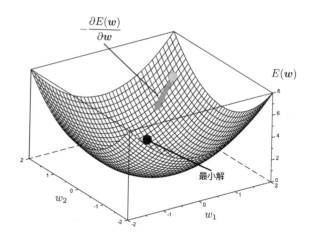

由所有的訓練資料 D 計算梯度的方法，稱為**批量梯度下降法（Batch Gradient Descent）**；將 D 分割成適當的大小，以此為單位計算梯度的方法，稱為**小批量梯度下降法（Mini-batch Gradient Descen）**；由 D 隨機選出一個資料，僅以此資料計算梯度的方法，稱為**隨機梯度下降法（Stochastic Gradient Descent）**。

2-4　決策樹的識別

接著是**決策樹**的識別……糖尿病高危險群的判定可能比較適合用這個分法。

樹，是指植物的樹木嗎？

嗯。不過，決策樹會倒過來，根部在上、葉子在下。

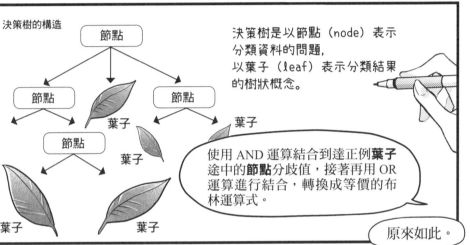

決策樹的構造

節點

節點　　葉子　　節點

葉子　　　　　　葉子

節點

葉子

葉子　　　　　　葉子

決策樹是以節點（node）表示分類資料的問題，以葉子（leaf）表示分類結果的樹狀概念。

使用 AND 運算結合到達正例**葉子**途中的**節點**分歧值，接著再用 OR 運算進行結合，轉換成等價的布林運算式。

原來如此。

不過，維持樹狀構造，人眼比較容易看出訓練結果，所以常用這樣的表示方式。

的確，比起布林運算式，樹狀構造更容易理解。

在講決策樹時，常舉「二十個問題」*的遊戲來說明。

「二十個問題」？

二十個問題是一種猜謎遊戲，
出題者在腦中浮現一個概念，
回答者只能問 20 個以下的
「是 / 非」題來猜謎。

我小的時候
好像有玩過。

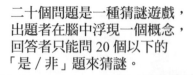

是生物嗎？

會飛嗎？

會鳴叫嗎？

這個遊戲的訣竅是，一開始不
能問太過特殊的問題。第一題
就過於特殊的話，問中了馬上
能夠猜出可能的答案，

但大部分的情況是沒問
中，結果什麼線索都沒
有得到。

是一種有毒
的菇類？

×

一開始最好問能夠
縮小可能範圍的問題嘛。

沒錯！

如同這個訣竅，
在建立決策樹的時候，
盡量將能夠獲得較多資訊的問題
安排在樹上方的節點。

ID3 演算法是
建立決策樹的
最基本步驟。

	天候	氣溫	濕度	起風	play
1	晴	高	高	無	No
2	晴	高	高	有	No
3	曇	高	高	無	Yes
4	雨	中	高	無	Yes
5	雨	低	標準	無	Yes
6	雨	低	標準	有	No
7	曇	低	標準	有	Yes
8	晴	中	高	無	No
9	晴	低	標準	無	Yes
10	雨	中	標準	無	Yes
11	晴	中	標準	有	Yes
12	曇	中	高	有	Yes
13	曇	高	標準	無	Yes
14	雨	中	高	有	No

這是高爾夫的相關資料，
我們用這個具體來看
ID3 演算法的步驟吧。

這份資料是……
某人近兩個禮拜內
打不打高爾夫的結果。

問題是詢問
該人在某氣象條件下
打不打高爾夫。

假設每次提問能夠使用到
一項特徵的數值，
並想要以最少次數的
提問來獲得答案。

那麼，你覺得第一題
應該怎麼問呢？

嗯……真煩惱……

嗯……
這個問題感覺
沒辦法縮小範圍。

是啊。
狀況跟詢問前差
不多。

那麼，先來討論提問
氣溫的情況吧。

根據對方的回答，
資料可如下圖分類。

資料 D

Yes
(9)

No
(5)

特徵：天候 氣溫 濕度 起風

氣溫會影響你打球嗎？

高

中

低

Yes
(2)

No
(2)

Yes
(4)

No
(2)

Yes
(3)

No
(1)

無論哪一種回答，
狀況跟詢問前沒有
太大的變化。

這樣感覺
能夠縮小範圍。

是啊。
但若問到晴天
或者雨天，
需要進一步詢問。

那麼，天候呢？

陰天的話，
資料上全部都是 Yes。

資料 D

Yes
(9)

No
(5)

特徵：天候 氣溫 濕度 起風

天候會影響你打球嗎？

晴

陰

雨

Yes
(2)

No
(3)

Yes
(4)

No
(0)

Yes
(3)

No
(2)

問到陰天時會回答 Yes
（根據這份資料），
感覺問題不錯。

比如問到晴天的話，
此時資料會變成下面這樣。

	天候	氣溫	濕度	起風	play
1	晴	高	高	無	No
2	晴	高	高	有	No
8	晴	中	高	無	No
9	晴	低	標準	無	Yes
11	晴	中	標準	有	Yes

後面再問濕度會影響打球嗎？
問到標準濕度時會回答 Yes。

那麼，來看
問到雨天的情況吧。

	天候	氣溫	濕度	起風	play
4	雨	中	高	無	Yes
5	雨	低	標準	無	Yes
6	雨	低	標準	有	No
10	雨	中	標準	無	Yes
14	雨	中	高	有	No

雨天的話，後面
可以問起風的有無。

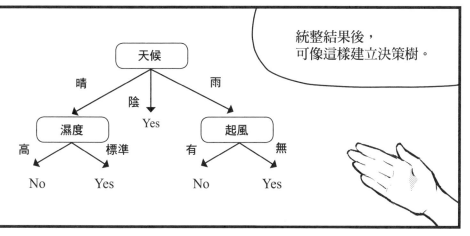

統整結果後，
可像這樣建立決策樹。

天候

晴　　　　雨

陰

Yes

濕度

高　　　標準

No　　　Yes

起風

有　　　無

No　　　Yes

那麼，
你覺得該怎麼尋找
像這題的「天候」
有效率的問題呢？

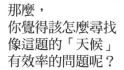

☀天候？
℃ 氣溫？
% 濕度？
↘起風？

好的問題……

感覺若有可以判斷的數
值，會比較好比較……

是的。
數值化後就能夠比較。

這個方法的
關鍵詞分別是

「亂度
（Entropy）」* 和

亂度

資訊量

「資訊量」。

「亂度」和「資訊量」？

Entropy 即熵，在統計學亦被用來計算
昆亂程度。

59

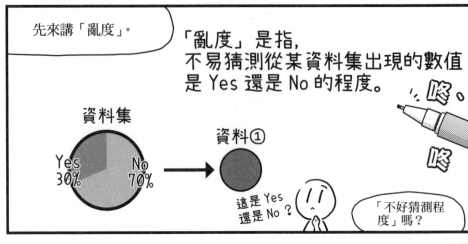

先來講「亂度」。

「亂度」是指，不易猜測從某資料集出現的數值是 Yes 還是 No 的程度。

咚、咚

資料集

Yes 30% No 70%

資料①

這是 Yes 還是 No？

「不好猜測程度」嗎？

這題最不易猜測的情況是，Yes 和 No 各為一半。

那麼，最易猜測的情況是什麼？

NO YES 50% 50%

No 100%

YES 100%

全部都為 Yes 或者全部都為 No 嗎？

是的……也就是資料集全是同一類別的情況。

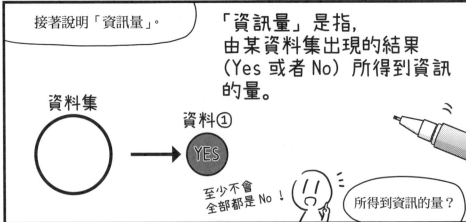

接著說明「資訊量」。

「資訊量」是指，由某資料集出現的結果（Yes 或者 No）所得到資訊的量。

資料集

資料①

YES

至少不會全部都是 No！

所得到資訊的量？

比如，所有資料為
Yes 的資料集出現的「Yes」，
這樣根本沒有得到什麼資訊吧？

那麼，從 13 件 Yes 事例、
1 件 No 事例的 14 件事例資
料中，出現「No」的話呢？

的確，沒有什麼資訊。

得到發生
稀奇情況的資訊。

這就是資訊量多的情況。也就是說，事情發
生的機率愈高，可得到資訊量會愈少；事情
發生的機率愈低，可得到資訊量愈多。

這可由取機率的
倒數來求得。

機率高的事情發生時↗，資訊量少↘！

機率低的事情發生時↘，資訊量多↗！

原來如此！取倒數後，
事情愈是稀奇，資訊量的值會愈大。

是的……對這個倒數
用以 2 為底的對數來計算，
能夠得到該資訊以二進位數
表示時需要的位數。

二進位數是
電腦內部處理的
位元數對應的位數嘛。

沒錯！

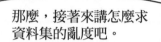

那麼，接著來講怎麼求
資料集的亂度吧。

麻煩學姊了。

亂度可由各類別的資訊量，
以該類別的資料數相對於
全體的比例加權，
再相加起來求得。
公式會像是這樣……

$$E(D) = -P_{\text{Yes}}\log_2 P_{\text{Yes}} - P_{\text{No}}\log_2 P_{\text{No}}$$

提問後，
資料就會根據回答分類嘛。
這個分類後的資料集
同樣也可用上式來求得亂度。

然後，將亂度的減少量定義為
資訊增益量，選擇該值最大的問題，
就能夠有效縮小答案的可能範圍。

那麼，接著實際用
高爾夫資料來計算吧。

試著依照 Step1 ～ 5，計算高爾夫的亂度和資訊增益量吧。

Step1

原資料 D 是 Yes 有 9 件事例、No 有 5 件事例，所以亂度如下所示：

$$E(D) = -\frac{9}{14}\log_2\frac{9}{14} - \frac{5}{14}\log_2\frac{5}{14} = -0.643 \times (-0.637) - 0.357 \times (-1.495) = 0.94$$

Step2

接著試求天候的晴天、陰天、雨天各資料的亂度。

$$E(\text{晴}) = -\frac{2}{5}\log_2\frac{2}{5} - \frac{3}{5}\log_2\frac{3}{5} = -0.4 \times (-1.32) - 0.6 \times (-0.74) = 0.971$$

$$E(\text{陰}) = -\frac{4}{4}\log_2\frac{4}{4} - \frac{0}{4}\log_2\frac{0}{4} = 0 - 0 = 0$$

$$E(\text{雨}) = -\frac{3}{5}\log_2\frac{3}{5} - \frac{2}{5}\log_2\frac{2}{5} = -0.6 \times (-0.74) - 0.4 \times (-1.32) = 0.971$$

Step3

將這些數值以資料數比例加權後，求分割後的資料集亂度。

$$\frac{5}{14} \times 0.971 + \frac{4}{14} \times 0 + \frac{5}{14} \times 0.971 = 0.694$$

　　將原資料的亂度減去分割後的資料亂度，得到詢問可獲得的資訊量，該量稱為資訊增益量 Gain。

$$Gain(D, 天候) = 0.94 - 0.694 = 0.246$$

　　同理，求出詢問其他特徵時的訊息增益量。

$Gain（D, 氣溫）= 0.029$

$Gain（D, 濕度）= 0.151$

$Gain（D, 起風）= 0.048$

　　因此，以天候為最初的問題，分割資料後亂度減少最多。然後，針對分割後的資料，再以其他特徵反覆進行相同的做法。

關於資料集亂度的計算方法，除了上述的亂度（Entropy）之外，還有一種方法是以下面的式子計算吉尼係數（Gini Coefficient）。

$$Gini(D) = 1 - P_{Yes}^2 - P_{No}^2$$

這樣一來就能用數值比較出效率佳的問題了。

是的。
這次採用的方針稱為**奧卡姆剃刀（Occam's Razor）**，目的是「選擇符合資料且最單純的假說」。

最單純的假說嗎？

若是冗長的假說，機器可能偶然成功解釋訓練資料，但若是簡短的假說，偶然解釋的機率就降低了。

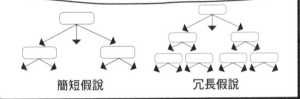

簡短假說　　　　冗長假說

但是，
如果用這個方針讓機器學習，建立到最後一個例子都不出錯的決策樹，

這個決策樹會過於適應訓練資料，容易發生**過度學習（Overfitting）**。

過度學習？

也就是說，
如果小樹能夠解釋訓練資料的話，就要盡量用小樹？

可使用！

以 ID3 演算法建立的小樹能夠解釋訓練資料，偶然情況的機率相當低，也就是說，這不是偶然而是必然。

意思是因為過於適應該份訓練資料，導致輸入新的資料時，沒辦法輸出正確的答案。

喔——
得小心注意才行。

過度學習的處理方式，
有一開始就限定決策樹深度的方法，
和讓機器完全學習後，
再進行修剪（Pruning）的方法。

前面討論了屬性特徵的情況了，
順便補充一下，數值特徵的情況
是把連續的數值特徵分成數個群組，
以**離散化**的方式建立決策樹來訓練。

數值特徵也可以
建立決策樹。

類別特徵

	天候	氣溫	濕度	起風	play
1	晴	高	高	無	no
2	晴	高	高	有	no
3	晴	中	高	無	no
4	晴	低	標準	無	yes
5	晴	中	標準	有	yes

數值特徵

ID	半徑	濃淡	周圍	腫瘤
44	13.17	21.81	85.42	惡性
45	18.65	17.60	123.7	惡性
46	8.20	16.84	51.71	良性
47	13.17	18.66	85.98	惡性
48	12.05	14.63	78.04	良性

在分群數值的時候，
為了讓亂度達到最小，
不會在同類別中分割。

如圖中點線表示的位置，
尋找類別的分界線，
以前後數值的平均值
來表示分界線的值。

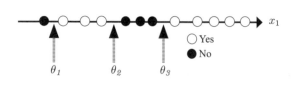

從中選擇資訊增益量最多的地方，
比照屬性特徵的計算方式，
得到以θ_3為閾值能夠分割出
最多的資訊增益量。

我們這次來實作邏輯識別和決策樹吧。

```
from sklearn.datasets import load_breast_cancer
from sklearn.linear_model import LogisticRegression
from sklearn.tree import DecisionTreeClassifier
```

資料使用判斷腫瘤為惡性或良性的 breast_cancer。

```
breast_cancer = load_breast_cancer()
X = breast_cancer.data
y = breast_cancer.target
```

在 scikit-learn，迴歸問題和識別問題都要先建立類別的範例，接著同樣用指令 fit 來讓機器學習。我們先來實作邏輯識別。

```
clf1 = LogisticRegression()
clf1.fit(X,y)
```

跟迴歸問題時相同，檢查一下係數。

```
for f, w in zip(breast_cancer.feature_names, clf1.coef_[0]):
    print("{0:<23}: {1:6.2f}". format(f, w))
```

```
mean radius           :     2.10
mean texture          :     0.12
mean perimeter        :    -0.06
...
worst concave points  :    -0.65
worst symmetry        :    -0.69
worst fractal dimension:   -0.11
```

可以發現有幾個係數為大的正數值，會影響正例的判斷。
相反地，大的負數值則和負例的判定有關。
接著是決策樹，作法跟前面相同。

```
clf2 = DecisionTreeClassifier(max_depth=2)
clf2.fit(X, y)
```

在內部建立這樣的樹木，一開始先以腫瘤的平均半徑（radius）
小於還是大於 16.795 區分。若是半徑小於 16.795 的話，接著看
平均凹陷度（concave point），小於 0.136 則判斷為良性；大於
0.136 則判斷為惡性。而腫瘤平均半徑大於 16.795 的話，接著
看濃淡值的標準差（texture），小於 16.11 則判斷為良性；大於
16.11 則判斷為惡性。

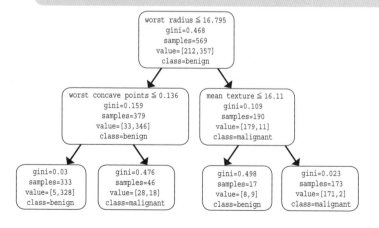

你那邊看得清楚嗎？

清楚……啊！

推動

嗚哇哇，好近……！

心臟突然跳得好快……！

噗通
噗通

然後，識別就講到這裡，接著要說評估……

不，學姊，後面沒問題！

咦？

遠——離！

我會想辦法自己整理資料，試著建立決策樹。雖然不太熟悉程式設計，但我會找區公所內的同仁幫忙。

但是……

沒問題！

那麼！非常謝謝學姊！

起身！

抽走

啊！

嗯～……後面還沒有講完，真的沒問題嗎？

啊！我被學弟請客了！

謝謝你的惠顧

喀啷喀啷

帳單座

星期一

健康福祉課

有同事是遊戲工程師!?

唉!?

是啊，都市整備課的九條慎擅長程式設計，
聽說他高中時製作的遊戲賣得不錯。

喔～

不過，工作態度不認真，
聽說明明在公家機關工作了，
他還是繼續製作遊戲。

……感覺好像很厲害。

非常謝謝你告訴
我這消息！
我趕緊找他看看！

加油—

都市整備課

嗯——
都市整備課……
這裡啊。

70

不好意思，
我是健康福祉課的清原，
請問九條先生在嗎？

喀嚓
喀嚓

……我就是九條。

那個～
聽說你很會寫程式，
所以想請你幫忙一下……

喀嚓　　喀嚓

停頓！

……健康福祉課怎麼會
需要寫程式？

唉，真的嗎!?

嗯。

我有條件，
完成後你要請我吃好吃的東西。

高

興！

當然！
謝謝你答應幫忙！

太——好了！
這樣網站就有著落了！

興!!
奮

這樣
我就不用裝忙，
還能夠吃大餐⋯⋯

呵呵呵⋯⋯

真的
沒問題嗎⋯⋯

哦——結果那位學弟就請妳那一餐。
……我說，那位學弟該不會對紗耶姐……。

對啊！他絕對不只把我當學姊！

啊，嗯……
（看來是沒有注意到，那位學弟真可憐……）

那麼，這次的講解如何？妳有不懂的地方嗎？

嗯……51 頁的 e 是什麼？

e ？
啊啊，S 型函數中出現的 e 啊。這是自然對數的底數，稱為歐拉數（Euler's Number）。$e = 2.71828\cdots$是無限循環的無理數。

對數是用來求以某數為底數的幾次方嘛。底數為 2 的話，就像決策樹的說明，表示該數轉為二進位數時的位數，但為什麼需要以奇怪的 e 為底數的「自然」對數呢？

這個 e 具有非常方便的性質，比如微分 e^x 後還是 e^x、$\log_e x$ 的微分會是 $\frac{1}{x}$ 等等。實際上，當我們反過來求具有這樣性質的數時，就會使用 e 唷。

然後，53 頁的向量微分。

嗚嗚，不能再矇混過去了啊。那麼，我就認真講吧。

這邊出現的誤差函數 $E(w)$，如果改變模型的權重 w 值，最後的數值也會出現變化。誤差函數有多個權重，所以是多變數函數。然後，將權重的集合表作向量後，誤差函數就是以向量為參數的函數。

嗯。到這邊我還明白。

在這邊會這樣定義函數的向量微分。

∂ 是偏微分的記號，意為除了指定的變數之外，其餘皆視為常數來微分。∂ 多讀為 round d（在台灣較常唸作 partial）。舉例來說，$\frac{\partial E}{\partial w_0}$ 是指在 E 的式子中，僅視 w_0 為變數來微分。

$$\nabla E = \frac{\partial E}{\partial \boldsymbol{w}} = \left(\frac{\partial E}{\partial w_0}, \frac{\partial E}{\partial w_1}, \cdots, \frac{\partial E}{\partial w_d} \right)^T$$

微分的對象變成向量。

是的。這也稱為梯度向量。

原來如此。單一變數函數的微分表示切線斜率，而多變數函數的微分表示斜面的梯度。

是的。如同 54 頁的圖，這邊的權重表作斜面上的一點，稍微往斜面梯度的反方向（向斜面下方）移動的話，就會慢慢接近誤差函數的底部。

嗯——這些就是全部了吧。
不過，那位學弟真的能夠做出網站嗎？

有一點擔心。我只講到一半而已……

第3章

評估結果

評估結果
很重要！

嗯……

嗯？

咦？
門自己打開了……

是不是卡榫壞掉了 啊——!!!!

啪噹

呀啊啊啊

驚嚇！

紗耶香學～姊……

嚇死我!!嚇死我!!

對不起……

真是的真是的!

我是說要安靜沒錯,
但這樣太過安靜啦!

對不起……

發生什麼事情了?
上次餐廳碰面後
三個月都沒看到人,
怎麼臉色差成這樣?

……

因為……

上次碰面後,
我在區公所內找到程式
工程師,使用準確率
100%的決策樹,建立
了「你是糖尿病高危險
群嗎?」的網站……

你是糖尿病
高危險群?

YES
或
NO

請選擇

開始

但最近很多人打電話
投訴那個網站。

網站診斷不是高危險群,
建議繼續保持
原先生活的人當中,
陸續有三人被醫生
診斷罹患糖尿病……

還有,有些被網站
診斷為高危險群的人,
前往醫院就診後,
醫生卻說完全沒事……

我不曉得為什麼準確率100%的分類器會識別錯誤，也找過程式工程師的九條先生討論……

啥？客訴？我只是照你所說的整理資料，建立訓練資料而已，我哪知問題在哪裡。

嚼

嚼

……結果他這麼說

我絞盡腦汁想原因，回過神來就在這裡了……

準確率100%……

清原學弟，那個分類器有用測試資料評估過嗎？

用測試資料評估，那是什麼？

……原因就在這裡……

機器學習的結果除了使用訓練資料之外，還要用另外的測試資料評估才有意義。

咦!?

你說分類器的準確率達到 100% 嘛？

是的，使用訓練資料的話，準確率是 100%。

這次也有帶慰勞品喔。

一般來說，使用訓練資料得到高準確率，是很正常的情況。

比如決策樹訓練，假設沒有限制樹木的規模，或對於相同的特徵向量，只要沒有出現不同類別的矛盾資料，

原則上，使用訓練資料都能夠得到 100% 的準確率。

使用訓練資料得到 100%，這樣就沒有意義嘛……

是的。這樣的系統會過度適應訓練資料，很有可能經常錯誤辨識新的資料。

這樣的話，該怎麼辦才好呢？

首先要掌握機器處理
未知資料時的性能。
其中，最簡單的方法是，

將手邊的資料

分割成　　訓練用和

評估用。

斬斷

全部資料

訓練用資料

評估用資料

分割資料？

評估用資料

這稱為**分割學習法**，機器在學習時先不使用評估資料，等到要計算準確率時才使用。這樣一來就能模擬遇到未知資料的情況吧。

嗯……要是資料數量不多的話呢？

這個方法的問題點
就在那裡。

全部資料原本就比較少，
卻又進一步削減來
建立的訓練資料，
可能會大幅降低
訓練性能。

那麼，不能減少
評估用資料嗎？

那樣的話，
這次變成無法充分模擬
遇到未知資料的情況，
沒辦法確實評估性能。

是的……不論是訓練用還是評估用，
只有在資料數量非常充足的情況下，
才能夠使用這個方法。

不過，並不是說
只要資料數量充足
就行了。

不是這樣嗎？

換句話說，
這方法需有足夠數量的資料
才能做到……的意思嘛……

你有聽過會影響訓練結果的
超參數（Hyperparameter）吧？
比如線性迴歸中正則化項的權重、
決策樹訓練的樹木深度等等。

調查配置訓練的
超參數值是否妥當，
這個過程就稱為檢驗。

若在檢驗作業中使用
評估用資料的話，
評估用資料就不能
算是未知資料了。

評估　檢驗　訓練

訓練

我已經知道評估
資料了。

的確是這樣。

所以，使用分割學習法來評估性能時，
一開始應該將資料分成訓練用、
檢驗用、評估用三部分。

全部資料

三段斬

檢驗用
資料

評估用
資料

訓練用
資料

喔喔～～　拍手　拍手

資料要分成三部分的話，那麼就需要更大量的資料吧？

資料數量少的情況會使用**交叉驗證法**。

呼～

訓練

檢驗

交叉嗎？

是的……將資料分成訓練用和評估用的地方跟分割學習法類似，但不一樣的地方是將所有資料分次加以評估。

將所有資料都分次加以評估，這要怎麼做？

3-3 交叉驗證法

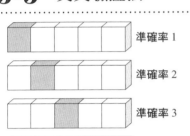

準確率 1

準確率 2

準確率 3

準確率 4

準確率 5

訓練用資料

評估用資料

平均準確率 ➡ 結果

如同左圖對資料進行分割，資料的分割份數**稱為折數（fold）**。我們通常會採用 10 折交叉驗證。

為什麼是 10 折呢？

分成 10 折的話，另外 90% 會用作訓練資料，所有資料都會分次加以評估，能用盡可能接近未知分布的資料，評估訓練性能趨近的上限。

原來如此。

順便一提，評估用資料元素數為 1 的分割法，另外稱為**留一法（Leave-one-out）**。

這樣的交叉驗證法沒有問題嗎？

使用交叉驗證法時，並不是說折數 m 愈多，性能評估愈好，這樣反而會讓評估花費很多時間。

對喔。機器最少需要學習 m 次嘛。

不過，交叉驗證法是遇到資料數不多時使用的評估方法，要盡可能選擇足夠信賴的方式。我們可以使用留一法，也可用隨機分割的多次交叉驗證法。

那麼，接著來詳細討論該使用什麼樣的數值評估吧。

麻煩學姊了！

3-4 準確率、精確率、召回率、F值

首先……為了簡化說明，這邊來講二分類識別問題的評估法。

前面所計算的準確率，是在評估資料中，正確辨識類別的資料比例。

這邊稍微進一步討論評估分類器性能的方法。

如同前面的說明，這是有沒有罹患某種疾病、是不是垃圾信件等問題。符合預設條件的訓練資料為**正例（positive）**，不符合的資料為**負例（negative）**。

正例、positive 表示這是垃圾信件嘛？

可能會感覺怪怪的，但這只是以符不符合預設條件來決定為正例、負例。

然後，正確解答有正例、負例兩種，分類器的輸出有正、負兩種，排列組合後總共有四種情況嘛。

如同左邊的表格，正例記作「正解＋」、負例記作「正解－」；分類器判斷為正記作「預測＋」、判斷為負記作「預測－」。

	預測 ＋	預測 －
正解 ＋	30	20
正解 －	10	40

這個表稱為**混淆矩陣（Confusion Matrix）**，上面的數值只是假設，不需要在意。那麼，清原學弟有看出什麼東西嗎？

嗯⋯⋯

	預測 +	預測 −
正解 +	30	20
正解 −	10	40

右斜對角的數值和為正解數，左斜對角的數值和為錯誤數？

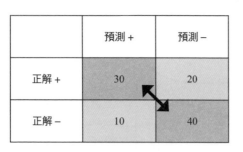

	預測 +	預測 −
正解 +	30	20
正解 −	10	40

正解數
30 + 40 = 70

錯誤數
20 + 10 = 30

沒錯！

舉例來說，正解＋行的數值表示，在 50 個正例當中，分類器判定為正的有 30 個，判定為負的有 20 個。

由表格可得到的最單純評估指標是，分類器判斷正確的比例，也就是正解數除以全部資料數。

	預測 +	預測 −
正解 +	30	20
正解 −	10	40

以這個表格為例，
$\frac{30+40}{30+20+10+40} = 0.7$ ，
這個值稱為準確率。

乍看之下，
可能會覺得這樣就足夠了，
但機器學習的評估
還沒有結束。

咦!? 只有準確率
不行嗎？

比如特定疾病的判定，
試想未罹患疾病的人數遠比
罹患疾病的人數還多的情況。

也就是資料中的負例比
正例多很多的意思？

是的！
比如 1000 人中僅 1 人
罹患疾病的極端情況，
使用全部判定為負的分類器，
這樣準確率會如何？

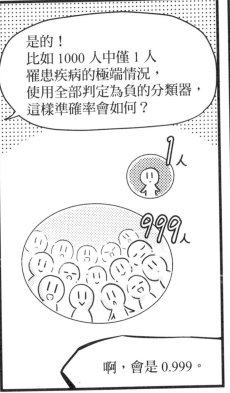

啊，會是 0.999。

為了能夠區分這樣的情況，
我們需要以其他指標來
評估機器學習的結果。

學姊不要賣關子了！

在這之前，先來命名
混淆矩陣中的各個元素吧。

	預測 +	預測 −
正解 +	true positive（TP）	false negative（FN）
正解 −	false positive（FP）	true negative（TN）

比如因為左上方的元素是
分類器正確（true）判定為正（positive），
所以稱為 true positive。
在後面出現的式子中，
true positive 的事例數會簡記為 TP。

原來如此，那麼 false negative
是錯誤（false）判定為負
（negative）的意思。

然後，根據這張表，
準確率 Accuracy
可以這樣定義。

$$Accuracy = \frac{TP+TN}{TP+FN+FP+TN}$$

正解數除以全部資料數
就是準確率。

下一個指標是**精確率 Precision**。
這是分類器判定為正時，
可以多麼相信該結果的指標。

以生病為例的話，

精確率的定義會是，
被判定罹患某種疾病且
該診斷為正確的比例。

$$Precision = \frac{TP}{TP+FP}$$

分類器正確判定為正的數量
除以分類器判定為 positive 的
數量，就是精確率。

接著是**召回率 Recall**,
這是多少正例被判定為正的指標。
以生病為例的話,召回率的定義是,
對象資料中的所有病患中,
有多少人被正確診斷罹患疾病。

這次拿分類器
正確判定為正的數量
除以所有正例的數量,
就是召回率。

$$Recall = \frac{TP}{TP + FN}$$

沒錯!

然後,精確率和召回率
往往是此消彼長的關係,
一邊數值高,另一邊數值
就低。

這是怎麼一回事?

舉例來說,
罹患某疾病的症狀很明顯
時,分類器才判定為正的
精確率會愈高嘛?

是沒錯。
不過,這樣的話
會忽略掉輕微症狀吧?

是的!結果
召回率會變低。

相反地,優先提高召回率,
稍微有一些症狀就判定為正,
使用這樣的分類器會如何呢?

咦!?

雖然漏掉病患的情況減少，
但可能造成很多沒有生病的人
需要接受精密檢查。

是的。

於是，我們會用下面的式子
定義綜合判斷精確率和
召回率的指標 **F 值**。

$$F\text{-}measure = 2 \times \frac{Precision \times Recall}{Precision + Recall}$$

啊！
這是調和平均。

若是三種
類別的情況呢？

混淆矩陣會變成是 3×3。

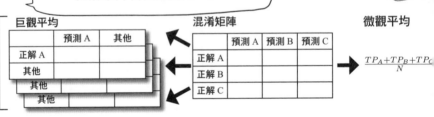

巨觀平均

	預測 A	其他
正解 A		
其他		

	其他	
其他		

混淆矩陣

	預測 A	預測 B	預測 C
正解 A			
正解 B			
正解 C			

微觀平均

$$\frac{TP_A + TP_B + TP_C}{N}$$

由混淆矩陣求出各類別的性能，平均後的數值為巨觀平均（Macro
Average）；由各類別計算 TP、FP、FN、TN 相加後，除以資料數的
數值為微觀平均（Micro Average）。

結果到底要使用
哪一種指標才好？

視情況而定，有時候會重視精確率，
相反地有時候會重視召回率。
如果沒有特別重視哪一種的話，
使用 F 值來評估比較妥當。

原來如此⋯⋯

紗耶香學姊，謝謝妳的幫忙。
我已經弄明白了。

未翻

我會回去評估網站。

這次應該就沒問題了。

嗯⋯⋯
加油唷。

啪嗒

學習的態度
改變了——

今天沒有空閒
邊吃點心邊教學。

加油唷——

健康福祉課

使用交叉驗證……

F 值是……0.60……

唉———……

這樣當然錯誤滿天飛……
必須關掉網站才行……

我竟然交出這種未完成品，
給市民添了不少麻煩……

那天，
我就只顧自己的情況，
沒有向紗耶香學姊
學重要的事情……

……我到底在做什麼啊……

起身！

抽走

雖然這次課程只用到簡單的數學計算，但在機器學習上卻是非常重要的內容。如果工具只是複製貼上輸出數字，卻得到『做完了，但不曉得代表意義』的話，這並不是我們所期望的。

我只對 F 值的公式有些疑問。
不能單純計算精準率和召回率的平均嗎？

單純的平均是相加平均或者算數平均，a 和 b 的相加平均會是 $\frac{a+b}{2}$。這是用來求考試成績、氣溫等能夠直接觀測的數值平均。

但是，精確率和召回率不是能夠直接觀測的數值，需要用比例的方式來計算。

咦？為什麼比例不能使用相加平均？

比如日常上經常聽到的比例數值——速率。
時速的定義是什麼？

距離 / 時間嘛！

是的。那麼，試想一下這樣的情況。

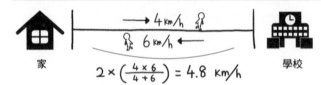

假設這是小愛的上學情況，
早上以 4km/h 的速率前往學校。

然後，回家時的速率為 6km/h。當然，上下學的距離相同。
在這樣的條件下，小愛走路的平均時速是多少？

沒有給確定的距離，這樣能夠計算嗎？假設單趟距離為 x，
則來回距離會是 $2x$。上學花費的時間為 $\frac{x}{4}$、放學為 $\frac{x}{6}$，所
以計算平均時速的式子會是這樣。

$$\frac{2x}{\frac{x}{4}+\frac{x}{6}} = 2 \times \frac{x}{\frac{x(4+6)}{4\times6}} = 2 \times \frac{4\times6}{4+6} = \frac{48}{10} = 4.8$$

啊，x 消失了。原來如此，平均不是 5km/h 而是 4.8km/h。

是的，這個 $2 \times \left(\frac{4\times6}{4+6}\right)$ 的式子，跟 F 值公式的形式相同。這
樣求出來的平均稱為調和平均，要記起來唷。

第4章

深度學習

呃⋯這次正常地進來了！

唉嘿嘿～

平常不是都吵吵鬧鬧的嗎？

哈哈，有心的話就能做到。

你上次來是兩個禮拜前的事了，我很在意那之後情況。

抱歉沒有跟學姊聯絡！我原本打算網站完成後才來找妳⋯⋯

⋯⋯清原學弟。

呆

愣⋯⋯⋯

呵呵⋯⋯
聽你的語氣，
應該又有事情了吧？

是的⋯⋯
這次是別的事情
想要拜託學姊。

學姊，

妳可以教我
深度學習嗎？

深度學習
（**Deep Learning**）

運用多層神經網路的
機器學習手法之一。
主要用於提高處理影
像、聲音、自然語言
等領域的性能，
近年來備受關注。

……
深度學習。

嗯……我先一邊聽聽這次發生什麼事，一邊享用慰問品吧。

請用—

好的～
還請笑納這甜點～！

我因為前陣子網站的失敗而感到沮喪的時候，有農家的人前來委託幫忙。

希望你們幫忙作出自動分級葡萄，且能夠進行分配的系統。

我們和地方的電器製造公司合作，目前系統能夠以傳輸帶自動裝箱葡萄，但重要的自動分級部分還沒有完成。

這樣啊……

上次的失敗讓我猶豫了一下，但最後還是接下委託，找過九條先生討論……

餐廳
▶

午餐菜單

嗯，
這本雜誌有刊登使用深度學習分辨農產品大小的報導喔。

咀嚼

咀嚼

咦！
借我看看！

喀嚓！

給你。

影像資料需要用深度學習……

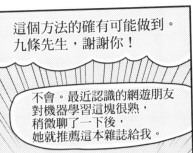

這個方法的確有可能做到。
九條先生，謝謝你！

不會。最近認識的網遊朋友
對機器學習這塊很熟，
稍微聊了一下後，
她就推薦這本雜誌給我。

但是……不久前才失敗而
已，你還想要繼續做？

是的！因為這個能夠
幫助到農家的人。

哼……
真是老好人。

嗶……

嗯？
你有說什麼嗎？

沒有。
如果有需要寫程式的地方，
可以找我幫忙喔。

非常謝謝你！

啊啊，我也有讀過
那篇報導唷。
那位九條先生人真不錯。

真的。
我一開始還以為
是很難親近的人～
但他幫了我很多忙。

咀嚼　　咀嚼

對了，我來教可以嗎？
波越老師快要回日本了唷。

沒關係，我認為這個得向
紗耶香學姊請教才行……

這次我不想要失敗，
所以拜託學姐了！

低頭！

好吧。
我也對上次的事情過意不去。
所以這次會很嚴厲地教你！
你可要好好跟上唷，學弟！

好的！
請學姐多多指教！

那麼，
配合這次的事情，
我們討論怎麼開發
自動分級農作物的系統吧。

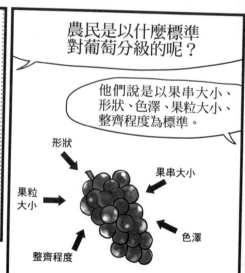

農民是以什麼標準
對葡萄分級的呢？

他們說是以果串大小、
形狀、色澤、果粒大小、
整齊程度為標準。

形狀

果串大小

果粒
大小

色澤

整齊程度

原來如此，
這並不是誰都可以做的作業，需要有農務經驗才行。

那麼，我們來討論這個方法，
先準備許多已經分級的影像資料，
再使用擅長影像辨識的
卷積神經網路（Convolutional Neural Network）識別吧。

那是
什麼樣的方法？

不用著急！
先學會神經網路的基礎概念，
再來了解深度學習
是什麼樣的東西。

深度學習之一的
卷積神經網路是什麼呢？
我們依序來學習吧。

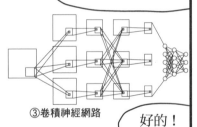

①基本神經網路　　②多層神經網路　　③卷積神經網路

好的！

4-1 神經網路

神經網路最根本的
計算機制，就是仿造
生物神經細胞的運作
來建立單純的模型。

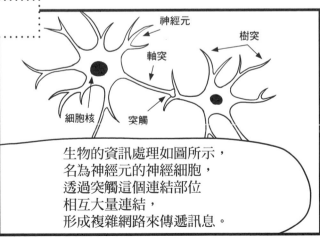

神經元
軸突
樹突
細胞核
突觸

生物的資訊處理如圖所示，
名為神經元的神經細胞，
透過突觸這個連結部位
相互大量連結，
形成複雜網路來傳遞訊息。

參考了生物上的
運作機制嘛。

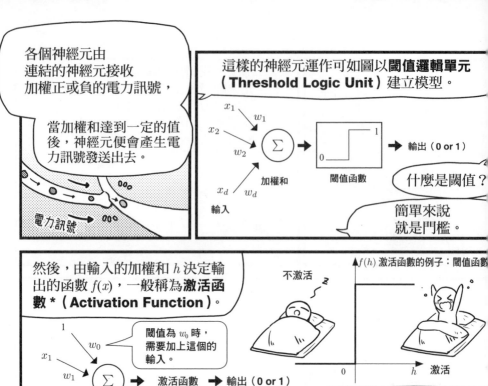
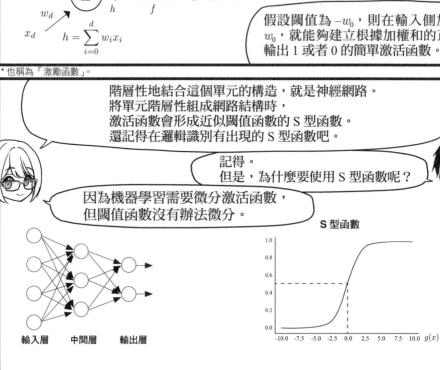

這種形式稱為**前饋式神經網路**（**Feedforward Neural Network**）。

也就是只能往前的模型嘛。

是的。
各個單元僅與相鄰層結合，沒有返回輸入側的回饋。
所以，訊號的傳遞只有輸入往輸出的單一方向。

總共有三層嘛。

因為進行數值計算的僅有中間層和輸出層，所以也有人認為是兩層。

以生物來比喻這個例子的話，
輸入層相當於接收外界訊息的細胞，比如感覺細胞；
中間層相當於將訊號傳至腦部的細胞；
輸出層相當於辨識類別的腦細胞吧。

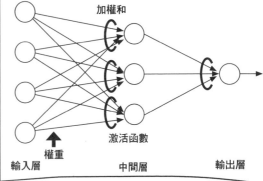

輸入層會將輸入訊號直接輸出，
該訊號經過加權後傳至中間層，
在中間層求算來自輸入層的
多個訊號加權和，
接著將該值代入激活函數中，
決定中間層的輸出。

以前饋神經網路建立
二元分類問題的分類器時，
輸出層會設定為單一輸出。
如同邏輯識別的思維，
輸出層的輸出值可視作
輸入為正例的機率。

另外，若是多元分類問題，
輸出層的單元數會跟類別數 c 相同，
但此時多個輸出層單元可能輸出
接近 1 的數值。

遇到這種情況的話，
有時不會以 S 型函數
作為激活函數 $f(h)$，
而會使用 **softmax** 函數。

$$g_k = \frac{exp(h_k)}{\sum\limits_{j=1}^{c} exp(h_j)}$$

式中，h_k 表示
對應類別 k 的輸出層單元，
等於來自中間層的輸出加權和。

不能將加權和代入 S 型函數，
轉成介於 0 與 1 之間的數值，
再來求算最大值嗎？

以 softmax 函數為激活函數時，
各個輸出層單元的輸出 g_k
全部相加起來會是 1，
可以直接看作是機率。

這樣就能知道各類別的機率了。

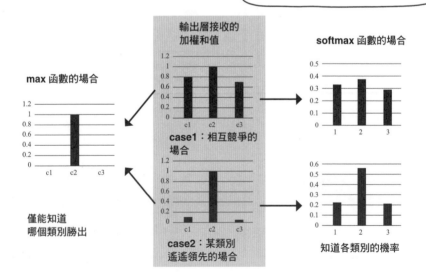

4-2 反向傳播法訓練

若問前饋神經網路是要讓機器「學習」什麼的話，

答案會是「單元的權重」。

根據被給予的訓練資料、決定單元的權重。

該怎麼進行調整？

在各個單元以 S 型函數進行非線性變換。
將這個結果加權後相加，
能夠得到特徵空間上的非線性識別面。
再根據非線性識別面調整權重，

盡可能縮小識別誤差，
如同前面識別問題的做法，
找出誤差最小的識別面！

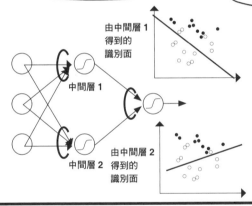

由中間層 1 得到的識別面

中間層 1

中間層 2

由中間層 2 得到的識別面

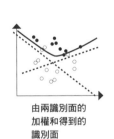

由兩識別面的加權和得到的識別面

中間層到輸出層的權重調整，
可藉由網路的輸出和**監督訊號**，
也就是與正確解答比較來評估誤差，
讓機器進行學習。

但是，中間層沒有監督訊號，
這樣沒辦法跟誤差比較……

嗯～～

是的！
遇到這樣的情況，可讓訓練機器學習階層性網路的權重，使用**反向傳播法**（**Backpropagation**）。

那麼，就來說明**反向傳播法**，
討論構造如下的神經網路學習。

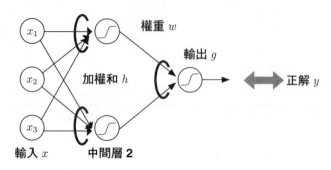

在訓練用資料中，特徵向量 x 與正確解答 y 為一組資料。令該資料集為 D，第 i 組資料為 (x_i, y_i)。誤差函數可為各種函數，這邊以平方誤差來定義誤差函數。

$$E(w) \equiv \frac{1}{2} \sum_{x_i \in D} (g_i - y_i)^2 \quad \cdots\cdots\cdots\cdots\cdots (4.1)$$

式中，w 為神經網路的所有權重。下面運用第 2 章中的梯度下降法，說明怎麼調整 w 中某一個權重 w 的數值來減少誤差。

$$w \leftarrow w - \eta \frac{\partial E(w)}{\partial w} \quad \cdots\cdots\cdots\cdots\cdots\cdots (4.2)$$

梯度下降法是將誤差函數 $E(w)$ 對 w 偏微分。此時，權重 w 的變化會影響加權和 h 的數值，該值通過激活函數後的輸出 g 也會跟著改變。因此，套用合成微分公式，可得到下面的式子：

$$\frac{\partial E(w)}{\partial w} = \frac{\partial E(w)}{\partial h} \frac{\partial h}{\partial w} \quad \cdots\cdots\cdots\cdots\cdots (4.3)$$

在計算式（4.3）右邊第 2 項時，根據加權和 h 的定義，可由 h 對權重 w 的微分而得到上一層的輸入。對右邊第 1 項再套用合成微分公式，則式子可改寫如下。為了方便後面使用，這邊將其誤差量換成 ϵ。

$$\epsilon = \frac{\partial E(\boldsymbol{w})}{\partial h} = \frac{\partial E(\boldsymbol{w})}{\partial g} \frac{\partial g}{\partial h} \quad \cdots\cdots\cdots\cdots\cdots (4.4)$$

式（4.4）右邊第 2 項是激活函數的微分。這邊是以 S 型函數作為激活函數，所以結果會是 $g(1-g)$。

右邊第 1 項得由權重的位置來判斷，若 w 是從中間層到輸出層的權重，則右邊第 1 項會是誤差函數的微分。

$$\frac{\partial E(\boldsymbol{w})}{\partial g} = g - y \quad \cdots\cdots\cdots\cdots\cdots\cdots (4.5)$$

而若 w 是從輸入層到中間層的權重，則右邊第 1 項的 g 是中間層的輸出，該值會透過輸出層的 h 改變最後的輸出值。一般輸出層會有多個單元，令第 j 項輸出層的輸入值為 h_j，則式（4.4）右邊第 1 項可如下表示：

$$\frac{\partial E(\boldsymbol{w})}{\partial g} = \sum_j \frac{\partial E(\boldsymbol{w})}{\partial h_j} \frac{\partial h_j}{\partial g} = \sum_j \epsilon_j w_j \quad \cdots (4.6)$$

這邊使用到式（4.4）定義的 ϵ。ϵ_j 為從中間層到第 j 項輸出層的權重，這個方法的重點是使用該值修正從輸入層到中間層的權重。統整上面的內容，誤差量 ϵ 可如下計算：

$$\epsilon = \begin{cases} (g-y)g(1-g) & \text{從中間層到輸出層的權重} \\ \sum_j \epsilon_j w_j g(1-g) & \text{從輸入層到中間層的權重} \end{cases}$$

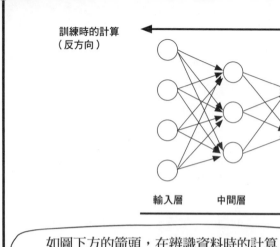

訓練時的計算
（反方向）

輸入層　中間層　輸出層

辨識時的計算
（順方向）

如圖下方的箭頭，在辨識資料時的計算，是依照輸入層、中間層、輸出層的順序，但在訓練時會如同上方的箭頭反過來。

機器會從輸出側開始學習。

當輸出層的輸出與監督訊號誤差愈大，監督者會愈加生氣。

怒火 中燒

犯的錯誤愈嚴重，會被罵得愈慘嘛……

接著，輸出層被生氣的程度乘上該單元的權重大小，就會是中間層被罵的情況。

怒火 萬丈

總覺得好像公司裡的情況……

這就是反向傳播法的概念。

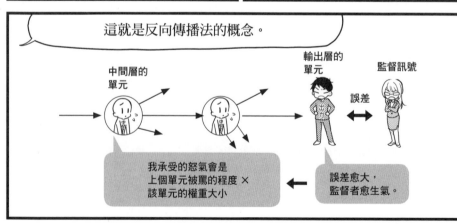

中間層的單元

輸出層的單元

監督訊號

誤差

我承受的怒氣會是上個單元被罵的程度 ×該單元的權重大小

誤差愈大，監督者愈生氣。

4-3　挑戰深度學習

那麼，接下來說明多層神經網路的**深度學習**是什麼東西。

老師！
神經網路的階層愈深
有什麼好處嗎？

嗯～……

特徵提取也可作為學習的對象吧。
前面說到的聲音、影像辨識，
都需以複雜的步驟來提取特徵。
但是，使用深度神經網路的話，

可以直接輸入影像資料、聲音訊號，
從單純的特徵表現
階段性提取複雜結構，
展現出非常高端的性能。

深度學習擅長的領域
- 聲音辨識
- 影像辨識
- 自然語言辨識

原來如此。

其實，在流行反向傳播
訓練法的 1980 年後半，
就有人嘗試加深神經網路的階層
來提升性能。

但是，
不怎麼順利。

為什麼會不順利？

接下來就來講這個。
首先，先來說深度神經網路的問題點。
然後，
①多層訓練上的技巧、
②問題特化結構的導入，
從這兩點說明怎麼解決！

拜託學姊了！

深度神經網路是如同下圖透過增加前饋神經網路的中間層數來提升性能，擴增能夠處理的任務。

那麼，先講問題點。

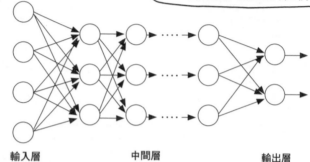

輸入層　　　　中間層　　　　輸出層

然而，利用反向傳播法的多層網路訓練，權重的修正量會隨著回溯階層而變小，面臨**梯度消失問題（Vanishing Gradient Problem）**，

無法如同預期提升性能。

梯度消失問題是什麼？

計算誤差變化的式子中，在各階層一定會乘上 S 型函數的微分

$$S'(x) = S(x)(1 - S(x)),$$

我們用下面這張圖表來看這個數值的實際變化。

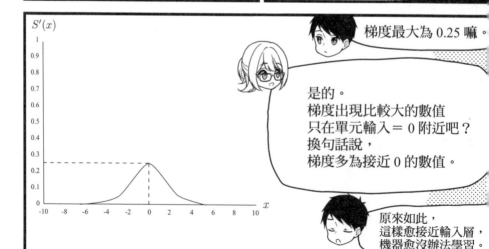

梯度最大為 0.25 嘛。

是的。梯度出現比較大的數值只在單元輸入 = 0 附近吧？換句話說，梯度多為接近 0 的數值。

原來如此，這樣愈接近輸入層，機器愈沒辦法學習。

這邊介紹兩種
解決方法！

方法①是
事前訓練法
（**Pre-training**）。

豎 指！

3-2 多層訓練上的技巧 ①事前訓練法

所謂的**事前訓練法**是，在利用反向傳播法
訓練之前，使用某種方法事先對權重的
初期參數適當調整的做法。

來吧。
訓練開始～～

中間層的
單元

誤差

輸出層的
單元

監督訊號

那麼，
假定我們事先調整
輸入層和最近中間層的權重。

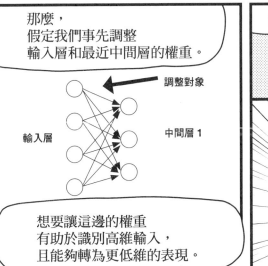

調整對象

輸入層

中間層 1

想要讓這邊的權重
有助於識別高維輸入，
且能夠轉為更低維的表現。

但是……

但是……？

這實在很難做到！

的……的確……

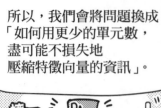

所以，我們會將問題換成
「如何用更少的單元數，
盡可能不損失地
壓縮特徵向量的資訊」。

擠壓 擠壓 DATA

什麼意思？

輸入層　　　　中間層 1　　　　輸入層的複製

反向傳播法訓練

首先，複製中間層前面的輸入層單元
作為輸出層，然後，訓練機器將輸入
層的資訊重現至輸出層。
這稱為自動編碼器（Autoencoder）。

將輸入層複製到輸出層
有什麼意義？
這樣不是和輸入層一樣？

中間層的單元數
一般會少於輸入層的單元數，
所以中間層無法直接在複製的
輸出層重現輸入層的資訊。

中間層 1

輸入層

輸入層的複製

單元數變少　　　　無法直接重現

對喔……

不是直接重現，
而是要提取資料的特徵嘛。

是的。這就像是給中間層
「獲取被壓縮到
更低維的資訊」的課題。

像這樣調整輸入層和中間層①的權重後，固定該權重，在於中間層①和中間層②之間進行相同的訓練，反覆到輸出層為止。

順利提取重要度高的特徵吧！

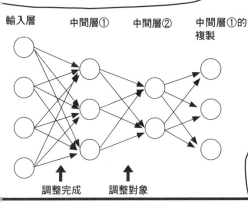

輸入層　　中間層①　　中間層②　　中間層①的複製

調整完成　　調整對象

隨著由輸入層開始增加層數，節點（單元）數會不斷減少，必須順利提取特徵才能保持資訊。

在保持原本資訊的同時，持續獲取高抽象度的資訊表現，事前訓練法解決了梯度消失的問題。

事前訓練法！

這個方法約在 2006 年被提出來，讓深度神經網路的相關研究盛行起來。

這真是突破性的方法。

-3-3　多層訓練上的技巧　②激活函數

然後，解決梯度消失的第二個方法，是在單元的激活函數下工夫。

所以，這次要看的是由輸入加權和決定輸出的激活函數囉。

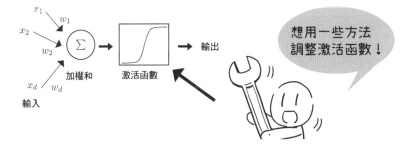

x_1　w_1

x_2

w_2

Σ　→　　→　輸出

加權和　　激活函數

x_d　w_d

輸入

想用一些方法調整激活函數！

是的。不使用剛才說明中的 S 型函數，
而是用稱為 **rectified linear** 函數的
$f(x) = max(0, x)$ 作為激活函數。
使用此函數的單元，稱為 **ReLU（Rectified Linear Unit）**。

rectified linear 函數在輸入參數為負時會是 0，
當數值大於 0 時，直接輸出該值。

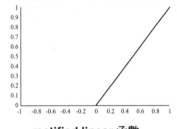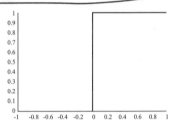

rectified linear 函數　　　　　　**rectified linear 函數的導函數**

跟 S 型函數不同，
梯度值為 1。

是的。使用 ReLU
的話，有一半的圖
形梯度會變成 1，
所以誤差不會消失。

除此之外，其他許多單元的輸出為 0，
這有利於形成稀疏的網路結構、
高速執行梯度計算等等，
即便不用事前訓練，機器也能夠學習。

不用事前訓練也沒關係，
真是厲害。

深度神經網路
會碰的問題，
除了梯度消失之外，
還有過度學習的問題。

過度學習

我記得是模型使用大量
參數後，容易發生過度
適應訓練資料的情況
嘛。

過度學習的解決對策，
可使用**丟棄法**
（**Dropout**），
這能夠抑制過度訓練的
情況，並提高其泛用性。

丟棄法是
什麼樣的手法？

以隨機丟棄
一定比例的單元來
訓練機器。

丟棄單元來
訓練機器？

首先，隨機無效化
比例 p 的各層單元。

假設 $p = 0.5$ 的話，
則能用半數的單元建構神經網路。

丟棄法

$$h = 0.9x_1 + 0.1x_2 - 0.8$$

x_1 和 x_2 都是重要的資訊，
但訓練時的初始值稍有不同，
訓練結果的權重可能改變很多。

光是未知資料造成 x_1 值稍微減小，
就有可能發生錯誤辨識的情況。

訓練時以一定的
比例丟棄某些輸入後，
只有單邊的權重數值，
也能夠輸出正確。

即便未知資料稍微造成
輸入值變動也沒有問題。

然後，這個網路結構會以
一個小批量的資料，
進行反向傳播訓練。

使用訓練後得到的
神經網路進行識別時，
機器會將權重提升 p 倍來計算。
這相當於將多個訓練完成
網路的計算結果平均化。

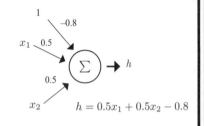

$$h = 0.5x_1 + 0.5x_2 - 0.8$$

但是，為什麼丟棄法
可以抑制過度學習發生呢？

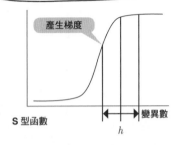

產生梯度

S 型函數

變異數

h

有人說是因為這效果相當於降低自由
度的正則化；也有人說是以放大加權
和 h 的變異數來訓練，不會留下梯度
的關係。

在研究者之間，這問題還沒有定論。
不管怎麼說，這樣做迴避了對相同的
網路結構輸入好幾次相同資料的狀況，
所以不容易發生過度學習。

無法讓深度神經
網路完全記住所
有資料。

4-3-5　結構特化的神經網路

前面討論了解決多層
訓練問題點的技巧，
接著來說明另一個
讓模型更有效的方法。

那是什麼樣的方法？

這是將網路結構對某種任務特化的方法。
最具表性的任務特化深度神經網路，
是影像辨識常用的**卷積神經網路**。

人臉辨識

最近影像辨識的精確率真的很厲害。

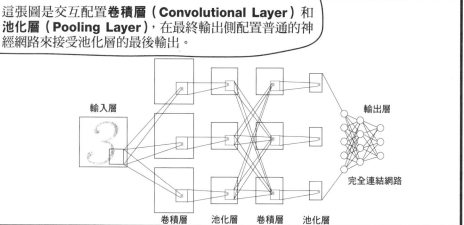

這張圖是交互配置**卷積層（Convolutional Layer）**和
池化層（Pooling Layer），在最終輸出側配置普通的神經網路來接受池化層的最後輸出。

輸入層

輸出層

完全連結網路

卷積層　　　池化層　　　卷積層　　　池化層

卷積層是對影像
進行過濾處理。

進行過濾處理？

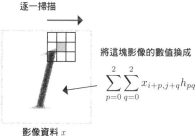

過濾提取特徵的
影像濾波器，
會如下圖右邊分割影像，
比如分為 3×3 嘛？

是的。

逐一掃描

將這塊影像的數值換成

$$\sum_{p=0}^{2}\sum_{q=0}^{2}x_{i+p,j+q}h_{pq}$$

影像資料 x

-1	0	1
-1	0	1
-1	0	1

縱向邊緣濾波器 h

逐一掃描每個畫素的影像圖式，
由原本影像提取特徵。
這個例子的邊緣濾波器，
是偵測縱方向的顏色改變分界。

縱方向？
不過是排列 −1、
0 和而已……

假設在畫素 9×9 的原影像上，
出現黑白單色的「縱線」。
在白色處填入數字 0、在黑色處填入數字 1，

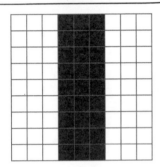

0	0	0	1	1	1	0	0	0
0	0	0	1	1	1	0	0	0
0	0	0	1	1	1	0	0	0
0	0	0	1	1	1	0	0	0
0	0	0	1	1	1	0	0	0
0	0	0	1	1	1	0	0	0
0	0	0	1	1	1	0	0	0
0	0	0	1	1	1	0	0	0
0	0	0	1	1	1	0	0	0

會變成這樣吧？

是沒錯。

用剛才的濾波器掃描檢測影像的圖式。
掃到左端時，數值為各格數字相乘再相
加，結果為 0。

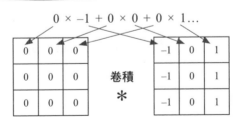

$$0 \times -1 + 0 \times 0 + 0 \times 1...$$

0	0	0
0	0	0
0	0	0

卷積
＊

−1	0	1
−1	0	1
−1	0	1

原來如此。

影像　　　　　　　　濾波器

平坦的影像

$0 \times -1 + 1 \times 0 + 1 \times 1...$

卷積

$= 3$

影像　　包含縱線的影像　　濾波器

各格數字相乘後相加，
所以數值會是 3。

這數值比剛才的 0 還要大吧？
濾波器掃過後，僅縱線的部分出現比較大的
數值，也就是提取了影像的圖式。

原來如此。

那麼，對橫方向出現顏色改變的影像，
使用縱方向邊緣濾波器掃描，
顏色改變處的輸出值會是？

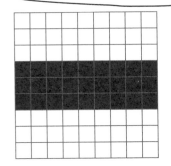

嗯……

所以……

會是 0。

是的！

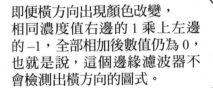

即便橫方向出現顏色改變，相同濃度值右邊的 1 乘上左邊的 −1，全部相加後數值仍為 0，也就是說，這個邊緣濾波器不會檢測出橫方向的圖式。

對喔。想要檢測不同的特徵，只要改變濾波器的模式就行了嘛。

沒錯。在最前面的卷積層準備各種濾波器，用來檢測與輸入影像同尺寸的特徵。

看下一張圖，這相當於在最前面的卷積層用三種濾波器處理。

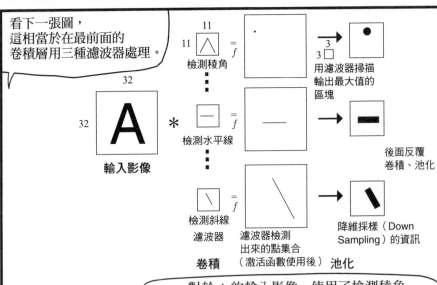

32

32

A

輸入影像

*

11

11

$\bigwedge$ = f

檢測稜角

$\vdots$

$-$ = f

檢測水平線

$\vdots$

$\diagdown$ = f

檢測斜線

濾波器

濾波器檢測出來的點集合（激活函數使用後）

卷積

3
3 □

用濾波器掃描輸出最大值的區塊

後面反覆卷積、池化

降維採樣（Down Sampling）的資訊

池化

對於 A 的輸入影像，使用了檢測稜角的濾波器、檢測水平線的濾波器、檢測斜線的濾波器三種。

卷積層的各單元只和輸入影像的一部分結合，其權重會跟全部的單元共有。此結合的範圍相當於濾波器尺寸，這個範圍稱為**感知區域（Receptive Field）**。

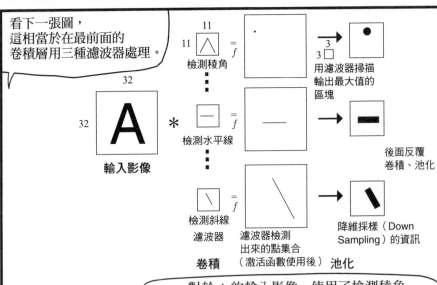

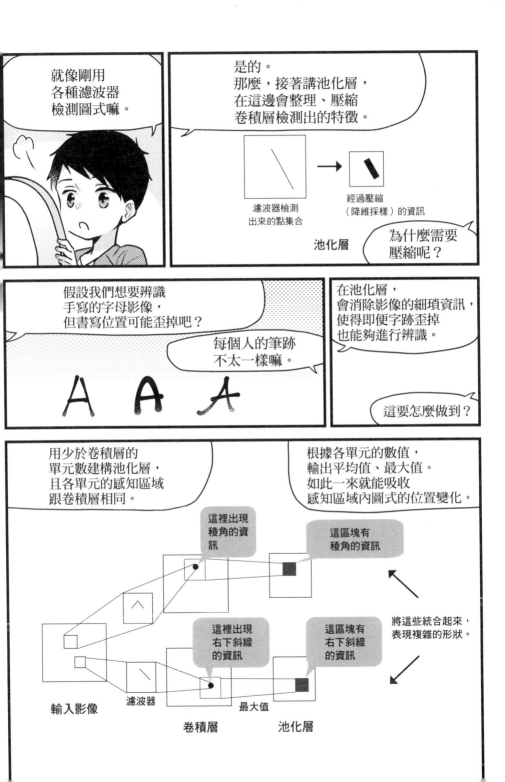

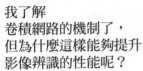

我了解
卷積網路的機制了,
但為什麼這樣能夠提升
影像辨識的性能呢?

影像本來是非常龐大的資料量嘛,
但卻能夠直接輸入,
你不覺得這很厲害嗎?

啊,的確很厲害。

卷積神經網路有一項限制條件,
特定單元只能接受前一層特定區域的輸出,
所以相較於完全連結的網路結構,
單元間的結合數變少了。

還有,在各個卷積層,
所有感知區域的權重共有,
大幅減少需要訓練的參數。
因此,建構能夠直接輸入
影像的多層神經網路後,
特徵提取處理也能夠成為
經由機器學習來求得。

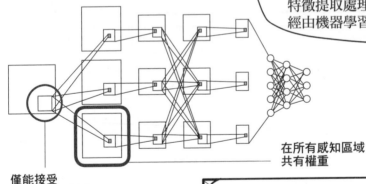

在所有感知區域
共有權重

僅能接受
特定區域的輸出

那麼,接著來看 MNIST 資料
集中的數字影像辨識吧!

好的!

Pythone 中的深度學習編碼，可以使用深度學習庫。

這邊使用 Keras 資料庫。Keras 封裝了常用的 TensorFlow 深度學習庫，能夠做到更高階的敘述，可用簡潔的程式碼編寫深度學習的典型問題。

```
import keras
```

MNIST 資料集是手寫數字的灰階影像資料。一張影像是以縱 28 畫素 × 橫 28 畫素構成，各畫素的數值為介於 0 至 255 的整數。

資料集提供 60000 張訓練用影像（訓練集）、10000 張評估用影像（測試集）。Kerasa 會自動下載 MNIST 資料集，將資料分為訓練集和測試集，以指令回傳為 numpy 陣列（array）。

```
from keras.datasets import mnist
(X_train, y_train), (X_test, y_test) = mnist.load_data()
```

接著，稍微對資料進行加工。首先，將輸入轉換為影像辨識卷積神經網路的標準形式。

一般影像辨識是針對彩色影像，一張影像是縱畫素數 × 橫畫素數 × 色彩數的三維張量（tensor），而整個輸入資料會表示為最前面加上影像張數的四維張量。

這次的灰階影像是影像張數 × 縱畫素數 × 橫畫素數，所以在最後的第四維項加上色彩數 1，轉為四維張量。

另外，將神經網路的輸入限制在 0 至 1 這樣的小範圍，就不用調整權重的初始值、訓練係數的尺度。這次畫素最大值為 255，將整數型態轉為浮點數型態後，還要將全部資料除以 255。

```
img_rows, img_cols = 28, 28

X_train = X_train.reshape(X_train.shape[0], img_rows, img_cols, 1)
X_test = X_test.reshape(X_test.shape[0], img_rows, img_cols, 1)
input_shape = (img_rows, img_cols, 1)

X_train = X_train.astype('float32') / 255
X_test = X_test.astype('float32') /255
```

接著是輸出的加工。正解標籤是以 0 至 9 的整數來表現影像數字，但這邊需要轉成名為 one-hot 的十維向量。

one-hot 編碼只將正解的維度表示為 1，其餘的皆為 0。這對由類別數（這次是 10 類別）構成神經網路輸出層來說，這樣做能夠簡化對輸出層的監督訊號。

```
from keras.utils import to_categorical
Y_train = to_categorical(y_train)
Y_test = to_categorical(y_test)
```

接著是定義卷積神經網路的結構。反覆兩次卷積（濾波器尺寸
3×3）和池化，將輸出排序為一維，傳至 2 層神經網路進行識
別。輸出層的激活函數為 softmax，其餘的用 ReLU。

```
from keras.models import Sequential
from keras.layers import Conv2D, MaxPooling2D, Flatten, Dense

n_out = len(Y_train[0])  # 10

model = Sequential()
model.add(Conv2D(16, kernel_size=(3, 3),
                 activation='relu',
                 input_shape=input_shape))
model.add(MaxPooling2D(pool_size=(2, 2)))
model.add(Conv2D(32, (3, 3), activation='relu'))
model.add(MaxPooling2D(pool_size=(2, 2)))
model.add(Flatten())
model.add(Dense(128, activation='relu'))
model.add(Dense(n_out, activation='softmax'))
model.summary()
```

在 Keras 鍵入指令 summary，能夠螢幕上顯示建構的
網路結構。

```
Layer (type)                  Output Shape              Param #
=================================================================
conv2d_1 (Conv2D)             (None, 26, 26, 16)        160

max_pooling2d_1 (MaxPooling2  (None, 13, 13, 16)        0

conv2d_2 (Conv2D)             (None, 11, 11, 32)        4640

max_pooling2d_2 (MaxPooling2  (None, 5, 5, 32)          0

flatten_1 (Flatten)           (None, 800)               0

dense_1 (Dense)               (None, 128)               102528

dense_2 (Dense)               (None, 10)                1290
=================================================================
Total params: 108,618
Trainable params: 108,618
Non-trainable params: 0
```

對於這個網路結構，可用指令 compile 配置評估函數（在此為 categorical cross entropy）和優化器（在此為 RMSProp），並用指令 fit 進行訓練。

```
model.compile(loss = 'categorical_crossentropy',
              optimizer = 'rmsprop',
              metrics = ['accuracy'])
model.fit(X_train, Y_train, epochs=5, batch_size=200)
score = model.evaluate(X_test, Y_test, verbose=0)
print('Test loss:', score[0])
print('Test accuracy:', score[1])


Epoch 1/5
60000/60000 [==============================] - 13s 224us/step - loss: 0.2883 -
acc: 0.9130
Epoch 2/5
60000/60000 [==============================] - 13s 210us/step - loss: 0.0763 -
acc: 0.9765
Epoch 3/5
60000/60000 [==============================] - 14s 239us/step - loss: 0.0516 -
acc: 0.9836
Epoch 4/5
60000/60000 [==============================] - 14s 238us/step - loss: 0.0384 -
acc: 0.9874
Epoch 5/5
60000/60000 [==============================] - 14s 235us/step - loss: 0.0306 -
acc: 0.9906
Test loss: 0.03475515839108266
Test accuracy: 0.9878
```

測試資料的準確率為 98.78%，展現非常高的性能。

好了。
大概就是這樣，
沒問題嗎？

沒問題！我大致了解了。
抱歉讓學姊在百忙之中抽空。

不會！
這樣教別人對我來說
也是不錯的複習。

那麼，我趕緊回去嘗試
製作葡萄的分級系統。

非常謝謝學姊！

加油唷！

鞠躬！

啪噠……

啊，
郵件。

振動——

是電腦信箱中
的……

咚

咚

京野紗耶香小姐

我是○○○股份有限公司的
□□。

感謝您日前參與敝公司的職員採用
試驗。京野小姐的選拔結果

……啊。

喀嚓！

喀嚓

喀嚓

……喂——

清原，
你還在做？

是的！

目前已經完成
精確率 98% 的分級系統。

委託農家準備訓練資料，拍攝大量的葡萄相片

區分訓練資料、檢驗資料、評估資料

以訓練資料建立
卷積網路的葡萄分級系統

以檢驗資料進行測試，調整濾波器數和單元數

最後再用評估資料執行性能預測

但是……這樣交件的話，
100 串中會有 2 串出錯，
我想要再稍微提升性能。

是喔——

但是，
我肚子餓了～

咚！ 咚！

咚！

那你可以先回去休息啊。

嘟嚕嚕嚕
嘟嚕嚕嚕……

不了。我有想去吃的拉麵店，
得讓你請一餐才行。

我不是已經請你很多了嗎～

我要把幫忙的份給吃回來才行。

來，電話。

蛤？誰啊？

委託人！說服他接受98%。

咦……咦!?

喂，我是橋本。

啊，您好！

抱歉百忙之中打擾您。我是區公所的清原。

九～條～先～生～

啊啊，清原先生！承蒙您照顧了。您要談分級系統的事情嗎？進行得怎麼樣？

我總算把精確率提升到98%了……

98%！

那個……我會想辦法讓精確率再更高。

哈哈哈，清原先生，98%就足夠了喔。

咦!?

沒有啦。人工分辨也會有差不多5%的錯誤，所以沒有問題喔！

非常感謝您這麼熱心參與這項作業！真的是幫了大忙。

不會，哪裡的話……那麼，我下次就帶去給你們。好的……下次見……

鞠躬 低頭

喔——幹得漂亮，清原。去吃飯吧，吃飯。

好啦、好啦。

抱歉不能把你的性能提升到極限。

雖然身為製作人的我不成熟，但你的性能可以幫助別人。

輕壓……

你要加油喔。

話說回來，「感謝」這詞真是偉大。

喂！清原，快走啦——

我現在就來了。

紗耶香的房間⑤ 數學的複習④

那位學弟重新振作起來了耶。聽說他製作網站失敗的時候，還想說可能一蹶不振……

真的。我非常後悔那時沒有把他留下來教好……但還好清原學弟重新振作起來了。

聽起來，那位學弟好像變得比較可靠了？

對啊。他學生時代給人輕浮隨便的感覺……但現在變得比較有肩膀一些了……

哼——如果有機會的話，我真想見見那位學弟。對了，他……長得帥嗎？

咦？啊，我不覺長得特別帥……那麼，下次有機會的話，我來安排妳們見面。

那麼，就有機會的時候再說吧……
（表姊太遲鈍了。真教人同情啊，清原先生……）

這次講的是深度學習嘛，感覺實作起來挺困難的。

只要熟悉深度學習的張量處理，就會覺得編碼很容易唷。張量在程式語言中是指多維陣列。

編寫程式碼常用到二維陣列，但很少遇到更高維度的陣列。

小愛，妳沒有寫過影像處理的程式嗎？

我有做過呈現影像的程式，但沒有寫過操作影像裡頭東西的程式碼。

那麼，我們用灰階影像來討論吧。假設漆黑影像的畫素為 0、純白影像的畫素為 255，介於中間的灰色為 1 至 254 的整數，深灰色的數值較小，淺灰色的數值較大。該怎麼表示縱方向和橫方向排列成長方形的資料型態呢？

嗯⋯⋯使用整數形態的二維陣列吧？

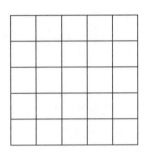

是的。這個二維陣列在數學上會表示成矩陣。

原來如此。左右兩邊用括號括起來是矩陣了。

然後,接著討論彩色影像吧。彩色影像通常是 RGB 資料,一個畫素是由紅、綠、藍三種光強度組合而成。這三色稱為光的三原色,分別改變它們的數值後,能夠表現出不同的顏色。

哦——真有趣。

妳覺得彩色影像能用什麼資料型態表現?

紅、綠、藍兩兩以二維陣列表示，它們大小相同，所以三色整合起來會是三維陣列吧？

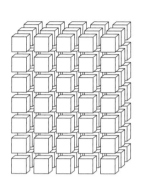

是的。這個資料結構的數學表現，稱為 3-D 張量唷。

然後，多個 3-D 張量排列起來的就是 4-D 張量。

多個彩色影像排列起來……
啊啊，用於機器學習的訓練資料。

正確。那麼，動作影像的訓練資料會是什麼樣的張量？

動作影像，是將影像按時間軸方向排列的資料。這樣它本身是 4-D 張量，多個 4-D 張量排列起來的話……是 5-D 張量？

沒錯！

嗚哇。張量變得愈來愈複雜。

機器學習會使用到的資料，大概就到這種程度吧。深度學習會在各層轉換張量，讓最後的識別更容易進行，所以不會那麼複雜。

喔——啊！對了，我聽伯母說了唷。
紗耶姊找到工作了？

啊啊，嗯。但我還在考慮當中……

是喔——大人真的有很多煩惱耶……

第 5 章

整體學習

組合多個
分類器吧!

叩 叩

好，請進～

咚 咚

不好意思～

請幫忙開門～

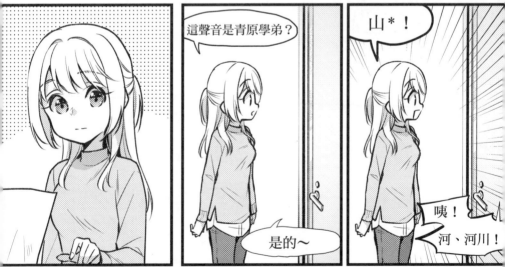

這聲音是青原學弟？

是的～

山＊！

咦！河、河川！

＊日本古裝劇常用的通關密碼，當一人說「山」，另一人要回答相對的「河川」。

140

歡迎，
今天怎麼了嗎？

哇！你拿了
好多箱！

喀嚓！

葡萄
葡萄
葡萄

上次提到的農家送了
很多葡萄給我們，
想說分送給研究室。

咦？可以嗎？

當然！

大家不要客氣。

謝謝你！

好像很甜～！

……學姊

哇！
哇！

嗯？

現在沒有人在用
山、河川的
暗號了……

只是想要說說看。

那麼，
分級系統
順利完成了嗎？

是的。經過這次的事情，
我漸漸了解學姊之前說的：
機器學習能夠擴張人類能力。

這樣啊。

雖然我沒辦法做出
解決所有事情的萬能 AI，
但我認為自己可以用
機器學習幫助到其他人。

嗯，我覺得
清原學弟符合
這樣的風格。

不，這都是多虧學姊……

你已經回復得差不多了吧？

啊……是的。
這次我想要用深度學習來提升性能，
重新開啟糖尿病高危險群的診斷網站。

嗯……重開診斷網站嗎？

清原學弟今天有時間嗎？

咦？有空……

啊，該不會學姊要教我什麼吧？

沒錯！

又是這間餐廳啊。

上次我慌張逃走……

這次不能逃跑，上課可要上到最後。

清原學弟，抱歉！讓你久等了。

噠噠！

啊……不會。妳沒有

遲到……

144

今天要講
整體學習（Ensemble Learning）唷。

整體學習？

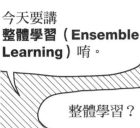

整
體

學
習

嗯……深度學習可用來識別
聲音、影像、自然語言等
鄰近訊號具有關聯的資料，

但是，對於出現多個不相關特徵
的資料，就未必能夠順利辨識了。

美味的 <u>蛋糕</u> 好好吃

與鄰近的資料相關

出現多個特徵的資料

性別	年齡	BMI	血糖值	最高血壓	糖尿病
女	65	22	180	135	No
男	60	28	200	140	Yes
男	75	21	175	120	No
女	72	25	195	140	No

兩兩之間沒有必然性

咦……是這樣嗎？

整體學習，
是解決的方法之一。

那是什麼樣的方法？

這方法是組合
多個分類器來統整結果，
發揮出比單一
分類器更高的性能。

諸葛亮！

就像三個臭皮匠
勝過一個諸葛亮。

但是，使用這個方法
需要一些技巧。
比如三人給出的答案經常一致的話，
學弟覺得會如何呢？

Yes! Yes! Yes!

這樣的話,跟一人給出答案的情況相比,
性能沒有太大的差別。

是的。
所以,整體學習的重點是
「盡可能作出反應不同的分類器」!

不 同!

5-1 裝袋法

那麼,接著來講
目前在整體學習上,
作出反應盡可能不同
分類器的三個技巧。

第一個是
裝袋法(Bagging)

第一個

哼嗯 哼嗯

146

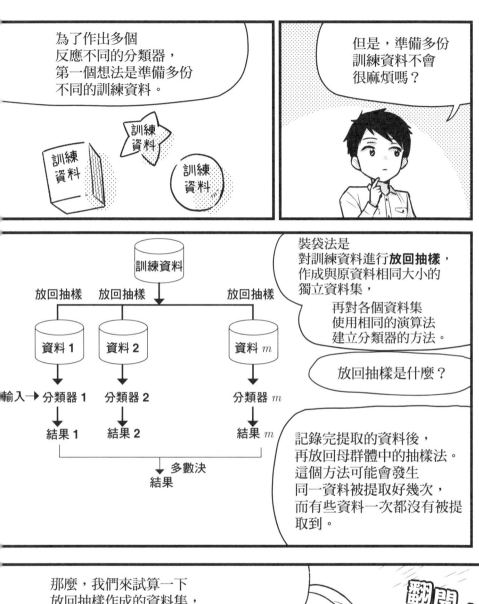

為了作出多個反應不同的分類器，第一個想法是準備多份不同的訓練資料。

訓練資料

訓練資料

訓練資料

但是，準備多份訓練資料不會很麻煩嗎？

訓練資料

放回抽樣　放回抽樣　　　　放回抽樣

資料 1　　資料 2　　　　資料 m

輸入→分類器 1　分類器 2　　　分類器 m

結果 1　　結果 2　　　　結果 m

多數決
結果

裝袋法是對訓練資料進行**放回抽樣**，作成與原資料相同大小的獨立資料集，

再對各個資料集使用相同的演算法建立分類器的方法。

放回抽樣是什麼？

記錄完提取的資料後，再放回母群體中的抽樣法。這個方法可能會發生同一資料被提取好幾次，而有些資料一次都沒有被提取到。

那麼，我們來試算一下放回抽樣作成的資料集，和原資料集的差異有多大吧。

翻開！

好的！

假設資料集的樣本數為 N。我們想要抽出某特定資料，抽取一次但未抽出該資料的機率有多少？

資料有 N 個，所以該資料被抽出的機率為 $\frac{1}{N}$。
那麼，未被抽出的機率為 $1 - \frac{1}{N}$。

是的。進行 N 次放回抽樣，該資料未被抽出的機率會是 $\left(1 - \frac{1}{N}\right)^N$。
這也可看作是放回抽樣後，該資料不在抽出資料集的機率。

$N = 10$ 的話，機率會是 0.349；
$N = 100$ 的話，機率會是 0.366；
$N \to \infty$ 的話，機率會是 $\frac{1}{e} = 0.368$。

感覺不管 N 值為何，機率都差不多耶。

沒錯！
由這些數據可知，無論 N 值為何，
放回抽樣作成的資料集
大約不包含原資料集 $\frac{1}{3}$ 的資料。

不包含 $\frac{1}{3}$ 的資料啊……。

分類器的作成會使用哪種機器學習的手法呢？

原則上，什麼手法都可以，但分類器中的演算法要不安定，也就是對訓練資料的差異敏感會比較好。

舉例來說，決策樹只要資料稍微有點差異，就會變成不同的分類器嘛。

各自不同的分類器使用相同的訓練資料來學習，所以全部的分類器具有相同程度的可信度，能以單純的多數決來統合結果。

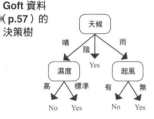

Goft 資料
（p.57）的
決策樹

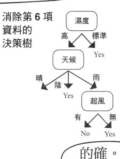

消除第 6 項資料的決策樹

多數決！

的確。

5-2　隨機森林

第一個

另一種方法可形成比裝袋法更加不同的分類器，此方法稱為**隨機森林（Random Forest）**。

這和裝袋法差在哪裡？

到對訓練資料放回抽樣，作成多份相同大小的資料集為止相同。

然後，對各資料集
以分類器作成決策樹，

在選擇節點的分歧特徵時，
先由全部特徵抽選事前決定好的特徵數，
再從中選取最具影響力的特徵。

在選擇這個分歧條件的時候
……

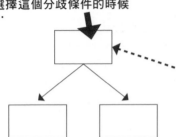

年齡　血壓　BMI*　血糖值

↓　隨機抽出

年齡　血壓　BMI*　血糖值　刻意不使用

選擇資訊增益
量較大的特徵

*BMI：Body Mass index

事前決定好的特徵數是？

當全特徵數為 d 時，
抽選的特徵數常用
$\sqrt{d}$ 或者 $\log_2 d$。

全特徵數 d	floor($\sqrt{d}$)	floor($\log_2 d$)
5	2	2
10	3	3
50	7	5
100	10	6

floor(x)：小於 x 的最大整數

然後，不斷反覆這個操作
直到葉子變成單一類別的
集合為止。

那麼，
請問清原學弟！

建立決策樹時，
需要注意什麼？

指出！

咦!?

過、過度學習！

指出！

正確！

前面有提到過度學習的對策，
限制葉子的資料數不成長超過某數值，
或者等它伸長充足後再進行修剪嘛。

喀嚓
喀嚓

呼—
嚇我一跳

不、過～

不、過～？

在隨機森林，
我們會刻意引發過度學習，
盡可能產生不同的決策樹！

磅

！

咦!?

啊！這是剛才說的，
分類器中的演算法
要不安定才好嘛。

沒錯！

那麼，
接著來講怎麼以隨機
森林作成各決策樹吧。

假設訓練資料的特徵
有 ABCDE 五種，

在決定根節點的分歧特徵時，
從中抽選事前決定的特徵數，
比如隨機抽選 3 種類。

這邊假設
抽出 ABE。

拿過來

分別計算它們的分類能力，
選用分類能力最高的特徵，
根據該值分割資料。

對於分割後的資料集，
同樣隨機選擇特徵集合，
從中選擇分類能力最高的特徵，
讓決策樹成長。

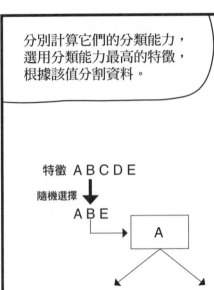

這樣做的話，
即便使用相似的資料，
也能產生各種不同的決策樹。

5-3 提升法

裝袋法、隨機森林是
藉由改變使用的資料集，
或者改變分類器的構成條件，
作成不同的分類器。

與此相對，不斷加入專門
減少錯誤的分類器，
形成反應不同的分類器集合，
稱為**提升法（Boosting）**。

第三個

專門減少錯誤
的分類器？

是的。

所以需要設定
各個資料的權重。

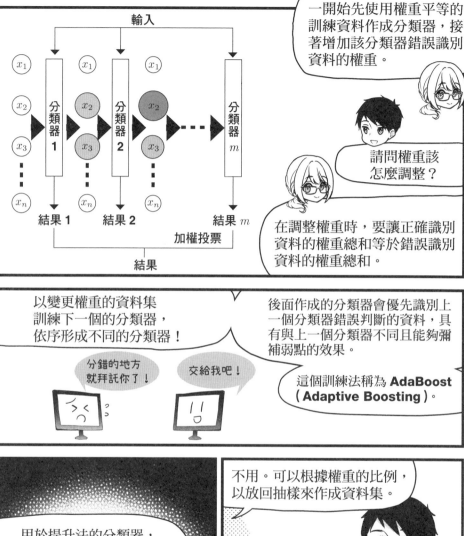

一開始先使用權重平等的訓練資料作成分類器，接著增加該分類器錯誤識別資料的權重。

請問權重該怎麼調整？

在調整權重時，要讓正確識別資料的權重總和等於錯誤識別資料的權重總和。

以變更權重的資料集訓練下一個的分類器，依序形成不同的分類器！

分錯的地方就拜託你了！

交給我吧！

後面作成的分類器會優先識別上一個分類器錯誤判斷的資料，具有與上一個分類器不同且能夠彌補弱點的效果。

這個訓練法稱為 **AdaBoost**（**Adaptive Boosting**）。

用於提升法的分類器，其學習演算法基本上要以資料權重作為分類器的構成標準。

這樣的話，使用這個方法時，是否一開始就得想好權重？

不用。可以根據權重的比例，以放回抽樣來作成資料集。

哦——真方便。那麼，跟裝袋法時一樣，是以多數決來下結論嗎？

關於這個問題，
AdaBoost 是特化處理前面的
錯誤，依序作成分類器。

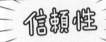

信賴性

也就是扭曲原本的訓練資料來
建構分類器，所以，對於未知
輸入的識別結果，信賴性跟以
原訓練資料作成的分類器不
同。

那麼，
該怎麼得到識別結果？

根據各分類器的
誤差函數值計算權重，
以加權投票來得到識別結果。

AdaBoost
是藉由不斷加入導正
前面分類器誤判的分類器
來提高整體的性能。

另外一種方式是使用損失函數。
以提升法結果作成的複合分類器，
可用來定義損失函數。

其中，追加的分類器會選擇
損失函數值減少最多的。

這種方式的提升法稱為
梯度提升（Gradient Boosting）。

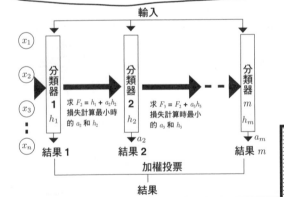

那麼，
試著把前面學到的
訓練法寫成程式碼吧。

這次要使用機器學習工具 Weka 內建的 diabetes.arff 資料唷。
這跟糖尿病診斷網站的設定差不多。

scikit-learn 也有相同名稱的資料集，但那是用於迴歸問題的
資料，有點不好解釋輸出的結果，所以我們使用識別問題
用的資料集 diabetes.arff。

diabetes.arff 會由數份檢查結果來預測糖尿病的檢查結果，
採用的特徵有年齡、血壓、BMI 等等。

先把 diabetes.arff 下載完成。
在 https://www.cs.waikato.ac.nz/ml/weka/datasets.html 可以連
同其他資料集一起下載，不過搜尋檔案名馬上就能檢索出
來。

```
import numpy as np
from scipy.io import arff
from sklearn.ensemble import BaggingClassifier, RandomForestClassifier,
AdaBoostClassifier, GradientBoostingClassifier
from sklearn.model_selection import cross_val_score
```

arff 形式的檔案是使用 scipy 的 arff 模組來讀取。一橫行排
列的特徵向量和正解標籤，會分別保存成 numpy 陣列。

```
data, meta = arff.loadarff('diabetes.arff')
X = np.empty((0,8), np.float)
y = np.empty((0,1), np.str)
```

```
for e in data:
    e2 = list(e)
    X = np.append(X, [e2[0:8]], axis=0)
    y = np.append(y, e2[8:9])
```

使用 scikit-learn 後，整體學習也能跟前面分類器一樣，用相同的步驟進行訓練、評估。最後再以 10 折交叉確認法，確認精確率的平均數和變異數。

```
clf1 = BaggingClassifier()
scores = cross_val_score(clf1, X, y, cv=10)
print("{0:4.2f} +/- {1:4.2f} %".format(scores.mean() * 100, scores.std() * 100))
73.69 +/- 5.11 %

clf2 = RandomForestClassifier()
scores = cross_val_score(clf2, X, y, cv=10)
print("{0:4.2f} +/- {1:4.2f} %".format(scores.mean() * 100, scores.std() * 100))
74.72 +/- 5.72 %

clf3 = AdaBoostClassifier()
scores = cross_val_score(clf3, X, y, cv=10)
print("{0:4.2f} +/- {1:4.2f} %".format(scores.mean() * 100, scores.std() * 100))
75.52 +/- 5.71 %

clf4 = GradientBoostingClassifier()
scores = cross_val_score(clf4, X, y, cv=10)
print("{0:4.2f} +/- {1:4.2f} %".format(scores.mean() * 100, scores.std() * 100))
76.30 +/- 5.11 %
```

看來使用預設的參數值，梯度提升法能夠得到不錯的結果。

整體學習的內容就到這邊。

喀嚓

你要努力重新架設網站唷！

好的！

…如果上次也能像今天聽到最後就好了……

現在回想起來，自從被說「像弟弟一樣」後，我就不斷逃避對學姊的情感……

學姊，謝謝妳每次的幫忙。

不會、不會，是我自己雞婆幫忙的。

對了，我有事情要跟你說。

有事情？

我找到工作了！

咦！

真的嗎！非常恭喜學姊！

嗚喔喔喔

謝謝你。還想說再找不到就慘了……

然後，我畢業後就會去東京。

！

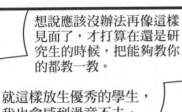想說應該沒辦法再像這樣見面了，才打算在還是研究生的時候，把能夠教你的都教一教。

就這樣放生優秀的學生，我也會感到過意不去。

所以囉，這次我來請客。

咦！不可以啦！

我來出錢，當作是學費！

不用啦！上次是你付錢的，不能讓你一直破費！

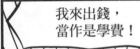啊！

抽走！

…比較小、

弟弟、

學生……

不管妳怎麼想，都請讓我作為一個男人耍帥一下。

雖然在家庭餐廳請客，根本談不上耍帥就是了……

好、好丟臉

銘謝惠顧
歡迎再來

喀啦……

學姊。

……謝謝你請我這一餐。

妳一臉超級不情願耶。

……「弟弟」是指什麼事？

之後會再另外慶祝學姊找到工作。

不用啦、不用啦。

關於這次的內容，我不懂為什麼增加分類器就能提升性能。

妳哪邊不了解？

的確，一群給出相同答案的人未必比單一人的結論還要聰明。但是，不同聰明才智的人聚在一起，不會因為結果相左而吵起來嗎？

原來如此。那麼，為了避免吵起來以多數決來給出答案，這邊以數學的角度來證明多數決會比較好吧。

首先，假設使用相同的訓練資料，作成 L 個不同的分類器。

就好比有 L 位聰明的人嘛。

其實，不是很聰明的人也可以。只要比起亂答稍微好一點的作答，就不會影響數學的公式化。

咦！是這樣嗎？

假設分類器的錯誤率 e 都相等，且錯誤相互獨立。

錯誤相互獨立，是指各個分類器對於評估用資料、錯誤判斷的機率相互獨立，也就是假定沒有會讓多個分類器全部錯誤判斷的資料。

在這樣的假設條件下，我們來討論分類器集合接受某評估用資料時，L 個中 m 個分類器錯誤判斷的機率吧。首先，$m = 1$ 時。

分類器中有 1 個錯誤判斷的機率為 e，則剩餘的 $L - 1$ 個沒有錯誤判斷的機率會是 $(1 - e)^{(L-1)}$ 嘛。

從 L 個中選 1 個的方法數有 L 種，相乘後機率會是 $Le(1 - e)^{(L-1)}$。

那麼，如果有 2 個錯誤呢？

從 L 個中選 2 個的方法數會是 $_LC_2$ *，所以機率會是 $_LC_2 e^2 (1-e)^{(L-2)}$。

*台灣習慣寫成 C_2^L。

是的。L 個錯誤率 e 的分類器中有 m 個錯誤的機率，通常會是二項分布 $B(m; e, L)$。
$$B(m; e, L) =_L C_m e^m (1-e)^L$$

這邊代入具體的數字來討論，假設分類器的個數 $L = 11$、錯誤率 $e = 0.2$，則二項分布 $B(m; 0.2, 11)$ 的圖形會像是這樣：

$B(m; 0.2, 11)$

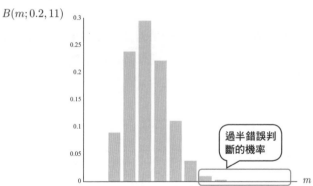

過半錯誤判斷的機率

若以多數決識別結果，則整體錯誤判斷的機率會是超過 6 個分類器錯誤判斷的機率總和，計算後約為 1.2%。

單一分類器僅能達到錯誤率 20% 的性能，但準備 11 個不同的分類器，就能建立錯誤率 1.2% 的分類器。

喔——整體學習真厲害。

但是，這個說明的假設不太合理。遇到人類自身就難以識別的資料，大多數的分類器也會判斷錯誤，所以實際上性能不會提升這麼多。

因此，為了盡可能接近假設，如何建構反應不同的分類器？這個技巧就是整體學習的關鍵。這樣大致了解了嗎？

嗯。感覺沒問題。
話說回來，紗耶姊要去東京啊～感覺好寂寞喔。

嗯，離開家鄉真的讓人有點不捨。

那位學弟沒有說什麼嗎？

咦？妳說什麼……啊，弟弟，該不會是那個時候的事情……！

咦？什麼什麼？有想起什麼事？

第 6 章

非監督式學習

集群分析？
矩陣分解？

健康福祉課

呆——……

清原，
打擾一下。

課長。

請問什麼事情？

喀噠

抱歉打擾你工作。
能不能稍微談一下？

我有事情想請教
熟悉機器學習的清原！

咦咦——

重開的糖尿病診斷網站，
評價不錯喔。

這麼一說…

啊！

謝謝課長誇讚！

沒有啦。
你也知道我今年
就要退休了。

我在煩惱怎麼
交接工作……

有碰到什麼困難嗎？

我每個月都會以
健康福祉課的名義,
發送訊息給獨居長者。

在信件裡頭,
我會根據長者的資料,
個別添加推薦的
活動訊息。

喜歡賞花

春天的植木市
〇月×日
綠地公園

長者們的評價不錯,
我希望自己退休後,
也能夠傳承下去……

之前都是我親自選擇
活動資料添加進去,
但活動的種類非常多,
我在煩惱該怎麼交接下去比較好。

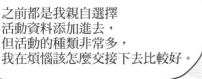

這樣啊……

的確不太可能直接交付
課長的判斷方式。

就是說啊。
但清原的話,應該能夠想出
解決辦法……

怎麼樣?
果然很困難嗎?

這個……嘛……

這是沒有訓練資料的
非監督式學習吧……

我試著做做看。
但是,能給我一些時間
調查資料嗎?

當然!
謝謝你,清原。

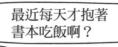
最近每天才抱著
書本吃飯啊？

是的。

……所以，

咀嚼　　咀嚼

聽說重開的糖尿病高危險群
診斷網站評價還不錯，除了課長以外，
也有很多人問我關於機器學習的事情，
但大多是沒有訓練資料的問題……

咀嚼　　　　咀嚼

哦……但是，機器學習的事情
問你常找的那位學姐不就行了。

嗚！！

怎麼、怎麼？
發生什麼事？你搞了什麼
烏龍？快告訴我。

嗚
哇　　　哇

什麼事情都沒有！！

那天之後，
學姐的郵件回覆感覺
很疏遠……

嗚嗚～都怪我說了
奇怪的事情～

抓頭　煩惱

……

我也會幫你問問看之前推薦我深度學習雜誌的網遊朋友的。

一星期後

喔！
非常謝謝你！

嗯——

依照行動模式區分長者可以用集群分析；通知合適的活動感覺要用矩陣分解……

還有很多事情需要調查。

嘟——！

嗯？

郵件！

咚！
咚！

紗耶香學姊！

☑ 紗耶香學姊
☐ 抱歉工作中打擾
辛苦了。
今天工作結束後，能夠見個面嗎？

噹嘟
噹嘟……

歡迎光臨～

CAFE S

學姊，讓妳久等了！

啊……不會，沒有等到！

抱歉讓妳特地跑一趟。怎麼了嗎？

嗚～今天也好可愛。

那個……

清原學弟該不會在機器學習上遇到困難～？

心電感應？

咦？

不，什麼事情都沒有……對不起，拜託忘了我剛才說的話。

嗯……心電感應……可見你真的很累。

正在自學非監督式學習。

嗯……

……那個……

……其實我……

170

……因為這樣，
我正在大量翻閱有關集群分析
（Clustering）和矩陣分解的書籍。

嗯。
你調查的方向沒有錯唷。

太好了！

學姊，
關於非監督式學習，
我可以稍微向妳確認
自己學到的觀念嗎？

當然！

來

吧！

清原學弟的學習成果，
不用客氣儘管問！

開

好的！

心

6-1 集群分析

非監督式學習之一的
集群分析是,
將被給予的資料
區分成群體的操作。

比如說……　　點心

這樣有點不清楚。
你試著用「距離」來
定義集群分析。

嗯……

被歸類於某一群體的資料,
彼此的距離必須盡可能接近,
這樣說如何?

相近

只有這樣能說
是群體嗎?

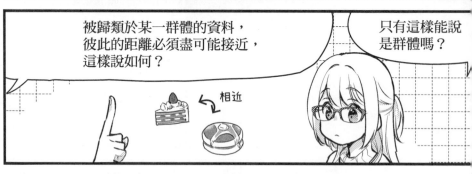

群體之間的
距離
必須盡可能
遠離

相同群體的資料
必須盡可能接近

啊!
不同群體間的距離
必須盡可能遠離。

是的。

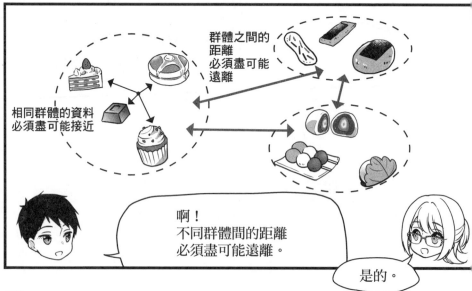

然後，集群分析的方法，分為
各個資料由小而大結合成集群的
**階層式集群分析（Hierarchical
Clustering）**，

和從整體資料的資訊分布
由大而小進行最佳分割的
**分割式集群分析（Partitional
Clustering）**。

階層式集群分析

相似？

相似？

分割式集群分析

大概在這邊分割？

6-1-1　階層式集群分析

階層式集群分析，是反覆
集結相近的資料、集群，
讓集群不斷變大的方法。

演算法的話，
會像是這樣的感覺。

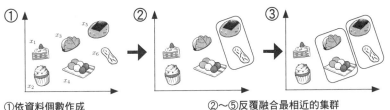

①依資料個數作成
單一資料的集群

②～⑤反覆融合最相近的集群
作成新的集群

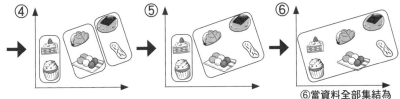

⑥當資料全部集結為
同一集群時結束

我們能夠判斷資料間的距離，
但資料和集群的距離、
集群和集群的距離，
該怎麼計算呢？

如果單獨資料也能以一個資料構成一個集群，這邊的距離可用集群間的相似度和一般化來討論。

集群間的相似度可用下面方法定義。

單一連結法 （Single Linkage）	完全連結法 （Complete Linkage）	中心法 （Centroid Method）	Ward 法
以最接近兩事例的距離為相似度。	以最遠離兩事例的距離為相似度	以兩集群的中心距離為相似度。	以融合後各資料與群中心的距離平方和，減去融合前各集群與中心的距離平方和為相似度。
集群容易朝單一方向延伸。	集群不易朝單一方向延伸。	集群延伸的形狀介於單一連結與完全連結之間。	通常能夠得到比較好的集群。

想用這個分法將資料分成 3 個集群時，該怎麼做才好？

如圖所示，只要以樹狀構造來記錄融合集群的操作，從全部資料數 N 開始，每次操作逐漸減少集群，最終會變成單一集群，所以能夠從任意集群數來求得結果。想要得到 3 個集群的時候，可以在這邊停止處理。

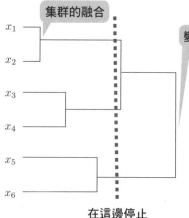

那麼，分割式集群分析是什麼樣的手法？

分割式集群分析是，設定評估資料分割好壞的函數，以最佳的評估函數值作為結果。

這和階層式集群分析差在哪裡？

階層式集群分析是由小而大整理資料，整體來看可能會形成歪曲的集群，而分割式集群分析則是以全體的視點尋求最佳集群的手法。

嗯——這樣說的話，分割式集群分析總是能比階層式集群分析得到的好結果唷。

啊……嗯……那個……

假設想要逐一尋找最佳的評估函數值，若將 N 個資料分成 2 個集群的話，需要經過多少次計算？

第一個資料要分進其中一邊的集群，需要 2 次計算。乘上第二個資料的放入情況，共需 4 次計算。若再乘上第三個資料的放入情況，則需要 8 次計算。

換句話說，最後需要 2^N 次計算。如果 N 是稍微大一點的數，不太可能計算所有可能的分割評估值。

遇到這種情況時，常用的做法是尋找次佳解。分割式集群分析的代表手法有 k-means 法，你能夠說明其中的步驟嗎？

好的。k-means 法的步驟會像是這樣。
啊，必須事前給予集群數 k 才行。

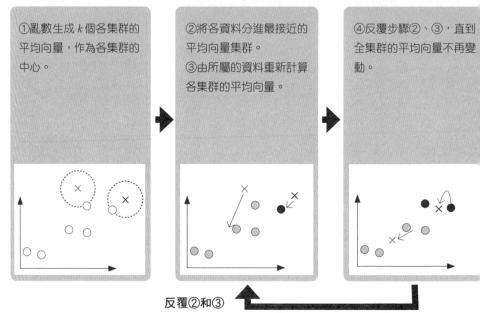

①亂數生成 k 個各集群的平均向量，作為各集群的中心。

②將各資料分進最接近的平均向量集群。
③由所屬的資料重新計算各集群的平均向量。

④反覆步驟②、③，直到全集群的平均向量不再變動。

反覆②和③

這個方法的評估函數是？

嗯……各資料和所屬集群平均向量的距離平方總和。

為什麼這樣的步驟會讓評估函數數值變好？

步驟②的改變所屬的集群，表示找到距離更近的平均向量，所以評估函數值會減少。
而且，步驟③的重新計算平均集群的位置，表示找到距離該集群內資料總和最小的位置，這個操作也會讓評估函數值減少。

是的。不過，這個方法找出的是局部最佳解唷。這邊會特地在前面加上「局部」，表示這些步驟沒辦法知道對全體來說是不是最佳解。

後面可能會出現更好的答案，但中途就停下來了嘛。

是的。因此，在使用 k-means 法進行集群分析時，會用不同的初始值執行多次，採用最佳評估值作為結果。

順便一提，還有一種做法是除了單純將資料分割成集群，還會以 **EM 演算法**推測各集群生成資料的機率密度函數唷。

機率密度函數……好像很難。

基本上，我們可以假設機率密度函數為常態分布，這樣就會比較好理解了。

基本步驟跟 k-means 法相同，一開始先用亂數決定隨意的平均向量和共變異數矩陣（Covariance Matrix），這相當於在特徵空間中隨意的場所放置隨意的常態分布。

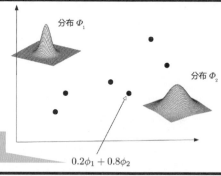

分布 Φ_1

分布 Φ_2

重新計算分布 ϕ_1 時，僅加權 0.2。

$0.2\phi_1 + 0.8\phi_2$

接著，k-means 法是決定各資料屬於哪個集群，

而 EM 演算法卻像是使用分身術，在這邊的集群有 20%、在那邊的集群有 80%。

分！身！ 20%

分！身！ 80%

這個比例是怎麼決定的？

由一開始隨意決定的分布來計算。

這麼草率……

k-means 法不也是根據一開始隨機決定的平均向量來分配集群嗎？

啊……對喔。

然後，跟 k-means 法相同，
用所屬的資料計算集群的參數，
也就是平均向量和共變異數矩陣。

這邊的資料個數，
是根據剛才的分身比例來計算的嘛。

沒錯！

使用 k-means 法和 EM 演算法推測
機率密度的差異會像是這樣。

k-means 法	用亂數決定 k 個平均向量。	根據與平均向量的距離，將各資料分配至某個集群。	由所屬的資料重新計算平均向量。
EM 演算法	用亂數決定 k 個常態分布。	計算各分布生成各資料的機率，以此為歸屬度來寬鬆分配至各集群。	將各資料的歸屬度視為資料的權重，重新計算各分布的參數。

如果能像這樣將行動模式
相似的人歸為同一集群，
就能夠推薦各集群適合的活動。

6-2 矩陣分解

接下來是**矩陣分解**。

為什麼這個方法
能夠因應長者
發送適合的訊息呢？

我稍微調查後發現，
推薦系統就使用這個方法。

購買！

這些商品如何？

常見的例子有購物網站
根據過去購買記錄判斷要不要
向用戶推薦某項商品。

因為感覺可以將商品換成市府推廣的活動，我就稍微調查了一下。

嗯嗯。那麼，你知道矩陣分解是在做什麼？

知道。一般是將 N 位用戶購買 M 種商品的資料，單純記錄為 N 行 M 列的矩陣。

然而，記錄這樣內容的 N 行 M 列矩陣，當 N、M 數值很大時，矩陣會出現很多空缺。

嗯。某位用戶在購物網站購買的商品數，僅佔全部商品的一部分嘛。

因此，這邊會假定用戶與商品之間存在幾項**潛在因素**。潛在因素是指，在分組用戶、商品時類似視點的條件，像是「女性」、「居住地」、「喜歡甜食」等等。

但是，這些是在沒有監督的情況下從資料中選出，所以未必每個都能如此解釋。

「女性」、「居住地」、「喜歡甜食」……

不就是我……？

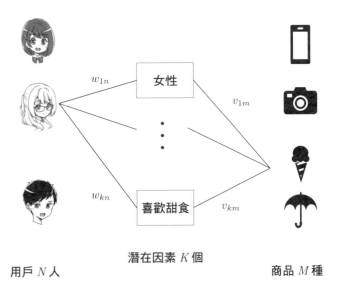

潛在因素 K 個

用戶 N 人　　　　　　　　　　商品 M 種

假設這樣的潛在因素有 K 個，且 K 比用戶數 N、商品數 M 還要小很多。

事前這樣假定後，原本矩陣中的元素數值，可由下面的式子預測出來。

$$x_{nm} = w_{1n}\nu_{1m} + w_{2n}\nu_{2m} + \cdots + w_{Kn}\nu_{Km}$$

為什麼這會是分解矩陣呢？

因為將這個假設寫成矩陣的話，會變成下一頁的形式。

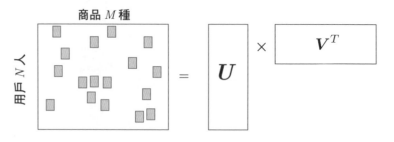

商品 M 種 $\times K$ 矩陣

商品 M 種

用戶 N 人

$=$ U $\times$ V^T

用戶 N 人 $\times K$ 矩陣

原矩陣的 N 行 M 列很大，但可拆解成用戶相關資訊的 N 行 K 列小矩陣 U，和商品相關資訊的 M 行 K 列的小矩陣 V 相乘。

* 日本為橫行直列，台灣為直行橫列。

該怎麼求這個 U 和 V？

原矩陣 X 要盡可能和 UV^T 相似，令兩者的誤差為 E，則相當於求解 $E = X - UV^T$ 最佳化問題。
考慮到與常用的最佳化手法——梯度法的合適性，這邊用平方誤差來做。

計算矩陣的差，再開根號各元素的平方和。
使用矩陣的 Frobenius 範數，則最佳化目標可寫成這樣的式子。

$$\min_{U,V} \frac{1}{2} \parallel E \parallel_{Fro}^2 = \min_{U,V} \frac{1}{2} \parallel X - UV^T \parallel_{Fro}^2$$

雖然這可用在線性代數中的奇異值分解來做，但必須在矩陣 X 沒有數值的地方代入 0。明明本來沒有資料卻這樣強行灌輸資訊進去，會造成原本的資料失真。

那麼，該怎麼辦？

嗯。可以僅針對矩陣 X 中存在數值的元素，讓它們的平方誤差最小化。這樣一來，假設條件會接近迴歸。也就是說，這會碰到跟討論迴歸時相同的問題。

過度學習嘛。所以，要用正則化解決。

是的。這個方法稱為交替最小平方法（Alternating Least Squares），這邊最佳化式子會像是這樣：
$$\min_{U,V} \sum_{(i,j)\in\Omega} (x_{ij} - u_i^T v_j)^2 + \lambda_1 \| U \|_{Fro}^2 + \lambda_2 \| V \|_{Fro}^2$$
其中，Ω 是矩陣 X 中具有數值的元素指標，u_i 是取自矩陣 U 第 i 行的 k 維向量，v_j 是取自矩陣 V 第 i 行的 k 維向量。

剛才說這個最佳化是使用梯度法，但最佳化目標只有 U 和 V 兩個沒問題嗎？

這邊會交替用最佳化方法來求解 U 和 V。

嗯嗯。
你有好好學習耶。
你有聽過**非負矩陣分解（NMF）**嗎？

這些問題的設定，
矩陣 X 的元素
大多數為非負值。

也對……
誰買了幾件某商品、
以 5 分評價電影等等。

聽過。
在很多地方都有出現，
但我不懂為什麼要限定為非負值。

假設 X 是超市的營業額，
某位顧客買了 1 包某牌點心。

這個 1 可解釋為該位顧客……

喜歡甜食的機率、

正在減肥的機率、

為女性的機率等等，

商品與這些潛在因素
有關的機率相乘，
再全部相加的數字。

原來如此，能夠解釋
成機率的話，在某些
場合很方便。

然後，機率
不是負值的話
……

如果 U 和 V 可為任意數值的話，
可能需要取極端值
來減少誤差嘛。

所以才要限制為非負值。

這樣啊。限定非負值
能夠發揮類似正則化的效果。

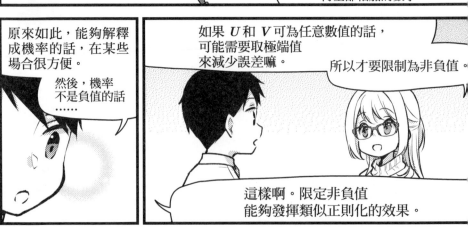

184

然後，你有聽過**分解機模型**（**Factorization Machine**）嗎？

聽過。這是由各維度的 UV 內積和任意維度特徵的加權和，計算欲推測值的數學模型嘛。

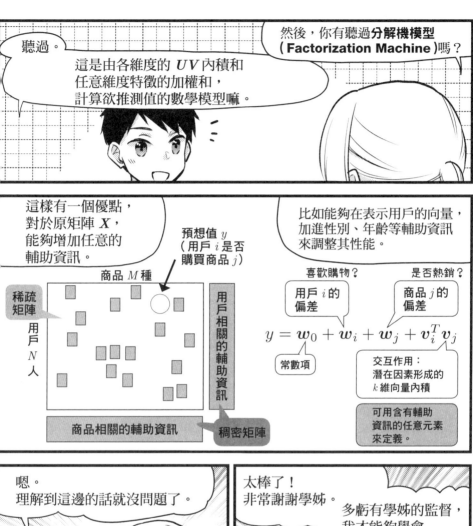

這樣有一個優點，對於原矩陣 X，能夠增加任意的輔助資訊。

預想值 y（用戶 i 是否購買商品 j）

商品 M 種

稀疏矩陣　用戶 N 人

用戶相關的輔助資訊

商品相關的輔助資訊　稠密矩陣

比如能夠在表示用戶的向量，加進性別、年齡等輔助資訊來調整其性能。

喜歡購物？　　　是否熱銷？

用戶 i 的偏差　　商品 j 的偏差

$$y = w_0 + w_i + w_j + v_i^T v_j$$

常數項

交互作用：潛在因素形成的 k 維向量內積

可用含有輔助資訊的任意元素來定義。

嗯。理解到這邊的話就沒問題了。

讚！

滿分！　喔喔！

太棒了！非常謝謝學姊。

多虧有學姊的監督，我才能夠學會非監督式學習喔！

哇！

啊……抱歉，
我得意忘形了……

後悔莫及!!

那個……

喀嚓……

老師啦、學生啦，
雖然是我先說出來的，
但還是不要這樣吧。

我以前還說過你
「像弟弟一樣」……

啊……唉！

我完全忘記
有這麼一回事……
上次清原學弟的話
才讓我想起來。

我那個時候是想說，
你像弟弟一樣
喜歡親近人。

當時沒有注意到
這樣說很失禮，
對不起。

不、不，沒事！
請不用道歉。
學姊沒有任何錯喔！

因為在意這件事，
所以郵件才感覺疏遠啊！

186

比較小、

弟弟、

學生……

我這樣分類你的位置，讓你感到不高興，對不起。

從此以後，我會好好面對「清原學弟」的！

好的！

我剛才也舉出「女性」、「居住地」、「喜歡甜食」的例子，抱歉。

那果然是在說我啊。

那麼，今天就不用付學費，作為朋友各自付帳吧！

啊……好的！

可是學姊今天也教了我很多……

銘謝惠顧，歡迎再來一

噹啷 噹啷

對了，學姊換了一副眼鏡了耶。

嗯。朋友送給我當作就職禮物。

非常適合喔。

非……

非常……

非常適合喔。

非常……

非常適合喔

非常適……

其實，我的視力沒有那麼糟糕，不過戴眼鏡後，感覺比較能集中精神。

集中精神嗎？這樣很好。

非常適合喔！！

清原不也有像這樣的開關嗎？

咦？

每次遇到「幫助其他人」，就會拿出真本事。

？？
有這回事嗎？

有的。

這次的機器學習因為是可以幫助他人的企劃，所以你才這麼努力嘛。

你還記得文化祭開的炒麵店嗎？那時清原學弟的朋友不小心大量進貨食材。

啊啊，有這一回事。

那時，平常不行動的清原學弟，製作了「大量進貨通通半價！」「獲得的利益全數捐贈！」的看板對吧？然後，消息在社群網站擴散後，才總算賣完。

啊～那時無法坐視不管……

但自己的事情就很隨便，讓我偶爾挺擔心的。

嗚！

雖然不是具體的東西，但有這樣的信念在心中，不就會是你的強項嗎？

……我自己是這樣想的。

謝、謝謝學姊的誇讚。

嗚哇——這麼高的評價，

感覺就這一年的努力有了回報。

那麼，到這邊就行了唷。

對了。我可能沒辦法幫學姊送行……

嗯……歲末年終嘛！不要太勉強自己喔！

好的！

若又遇到困難，記得聯絡我，你已經是我的學生了，所以我會教你，也不需要學費！

我知道了。

紗耶香的房間⑦　　數學的複習⑥

這次課程在意的地方應該是 Frobenius 範數吧？
範數是表示向量大小的函數嘛。

正式定義，d 維向量 x 對於 $1 \le p < \infty$ 的 p，

$$\sqrt[p]{|x_1|^p + \cdots + |x_d|^p}$$

稱為 x 的 LP 範數。$p = 2$ 時，也就是 L2 範數表示普通意義的向量大小。

感覺好麻煩。為什麼多加個 p 進去呢？

妳想一下 $p = 1$ 的情況。妳不覺得在哪裡看過這個 L1 範數嗎？

因為 $p = 1$，所以求各要素的絕對值和再開 p 方根……
啊！將 x 換成權重向量 w 時，Lasoo 迴歸的正規化項！

對吧。當大小的標準改變，該大小產生的影響效果也會跟著變化。以 L2 範數為正規化項的 Ridge 迴歸，和以 L1 範數維正規化項的 Lasso 迴歸，對係數的影響會不同。

像這樣記住一般定義後，就能在其他地方融會貫通唷。

然後，向量的 L2 範數是，相加全部元素的平方再開平方根。同理，矩陣的 Frobenius 範數是，相加矩陣的全部元素的平方再開平方根。

我能夠想像向量的大小，但矩陣的大小就不太清楚了。

不用勉強想像啦。
這邊只要知道這是用來表示誤差 E 跟零矩陣有多麼接近就可以了。

這樣的話，這跟第 1 章的想法類似，都是要最小化誤差，但我不認為這樣可以求出答案。

要是購物網站的用戶多達 100 人、商品多達 50 種，原矩陣的元素數就有 100×50 共 5000 個。若用 10 個潛在因素來表示的話，元素數只有 100×10 ＋ 50×10 共 1500 個唷。原本的 5000 個資訊怎麼可能只用 1500 個資訊來表示。

正確來說，原本的思維不是完全恢復原資訊的矩陣分解，而是利用矩陣分解的低階近似（Low Rank Approximation）。

如果原矩陣中各元素的數值與其他元素毫無關係，這個方法的確沒辦法達到近似原矩陣的分解結果。

但是，這邊是假設特性相似的用戶會做出類似的購買行為，或者購買特性相似商品的用戶有著類似的購買傾向。換成專業術語的話，這個假設表示在高維的資料中埋入低維構造。

果然還是有種被騙的感覺。

那麼，從特徵值（Eigenvalue Decomposition）來說吧。對於 d 行 d 列，也就是 d 維的正方矩陣 M，試求滿足下述條件的實數 λ 和對應的 d 維向量 x。

$$Ax = \lambda x \quad x \neq 0$$

這個式子變形會是這樣：

$$(A - \lambda I)x = 0$$

I 為單位矩陣。若 $A - \lambda I$ 存在反矩陣，則 $x = 0$，與題目條件矛盾。所以， $A - \lambda I$ 沒有反矩陣。
行列式的數值為 0，也就是 $\det(A - \lambda I)x = 0$。

二維正方矩陣 $\begin{pmatrix} a & b \\ c & d \end{pmatrix}$ 的話，行列式是 $ad - bc$ 嘛。第 1 章的反矩陣公式中有出現 $\frac{1}{ad-bc}$，所以若這項的分母為 0 的話，就不存在反矩陣。

是的。d 維正方矩陣的話，$\det(\boldsymbol{A} - \lambda \boldsymbol{I})x = 0$ 會是 d 次多項式，包含重解在內，解答會有 d 個。其中，λ 稱為特徵值，其對應的 x 稱為特徵向量。

原來如此。

然後，利用這個特徵值和特徵向量，原矩陣 $\boldsymbol{M}$ 可分解為如下的矩陣乘積。

$$\boldsymbol{M} = \boldsymbol{U} diag(\lambda_1, \ldots, \lambda_d) \boldsymbol{U}^-$$

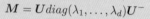

不過，U 是 d 個特徵列向量並排，diag 是數字排成對角線的對角矩陣。

這個我能理解。$\boldsymbol{M}$ 是 d 行 d 列，而 $\boldsymbol{U}$、$\boldsymbol{U}^{-1}$ 也是 d 行 d 列，選對數值的話，就能像這樣變形吧。

但是，$\boldsymbol{M}$ 限定為正方矩陣不會很奇怪嗎？購物網站的用戶數和商品數未必相同吧。

是的，不一定相同。所以，才會從特徵值分解發展出奇異值分解。

$$M = U\Sigma V^T$$

其中，假設 M 是 n 行 m 列的矩陣、U 是 n 行 n 列的矩陣、V 是 m 行 m 列的矩陣、Σ 是 n 行 m 列的矩陣。這樣一來，$U\Sigma V^T$ 相乘後會是 n 行 m 列的矩陣。

但是，Σ 不是正方矩陣，沒辦法變成對角矩陣唷。

Σ 是將 r 個（小於 m、n）特徵值由大到小排列的 r 行 r 列矩陣，再將周圍剩餘的部分補零，作成 n 行 m 列的矩陣。

奇異值是由特徵值計算出來的值，這邊可想成是分解結果得到數值。

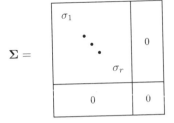

$$\Sigma = \begin{pmatrix} \sigma_1 & & & \\ & \ddots & & 0 \\ & & \sigma_r & \\ & 0 & & 0 \end{pmatrix}$$

這邊的重點是將特徵值 σ_1 到 σ_r 按大小順序排列。

各個特徵值乘上 U、V 的元素變成矩陣 M 的元素，但奇異值愈大，對 M 的數值影響愈大。想像只有第一個奇異值特別大的情況，就能夠了解吧。

意思是若第二個以後的奇異值比較小的話，就只能對 M 的要素發揮微調整的效果？

是的。這邊僅選幾個比較大的奇異值表為矩陣 M。

如果這幾個選出來的奇異值和，對全部奇異值總和佔了較大的比例，就能夠得到跟原矩陣 M 相近的矩陣。

對喔。從較大的奇異值中選 k 個作成 Σ，則 U 是 n 行 k 列的矩陣、V 是 m 行 k 列的矩陣、Σ 是 k 行 k 列的矩陣。當 k 比 n、m 還要小很多時，就能用較小的矩陣乘積來表示較大的矩陣嘛。

是的。這就是在高維資料中埋入低維構造。

嗯，我大概了解了。紗耶姊去東京之後，偶爾也要像這樣教我數學唷。（雖然我不認為紗耶姊會乖乖待在東京工作……）

結尾

半年後……

社—長—

……幹嘛？

這個要放在哪裡？

放在那邊的
架子下面！

請不要再叫我社長了！

幹嘛害羞呢？
習慣就好。

不過，沒想到清原會自己創立公司—

我自己才最驚訝。

後來，找我幫忙應用
機器學習的委託案件不斷增加，
反而沒辦法顧及公家機關的工作，
只好索性獨立出來開業。

……哇！

嚇死我了！
紗耶香學姊!?
你怎麼在這裡？

午安，
你們好！

咦？什麼、什麼？
她該不會就是那位「學姊」？

啊……是的。

學姊怎麼了嗎？
公司呢？

斷！

言！

辭職了！

咦——！

沒有啦～在迎新會上，
社長說了浮誇的 AI 論點，
我就感覺怪怪的，
總之先做個半年賺回本，
順便觀察公司內的情況，
但果然那位社長的想法不太樂
觀，所以我就辭職了！

明智的
判斷

這……這樣啊……

200

這只是玩笑話而已啦。

絕對不是玩笑吧。

我一聽到清原學弟自己創立公司，漸漸下定決心要來這邊了。

清原要將我之前教你的理論實際應用出來嗎？我覺得很高興。

正確使用自己過去所學的知識，我想待在這樣的人身邊工作。

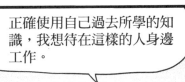

這就是我想要做的事情所以……

你能不能雇用我呢？

可以！當然沒問題！

真的？太好了！謝謝你！

不會，我才要道謝！學姊一人就能抵一百位員工！

那麼，就來自我介紹吧。我是程式工程師的九條。

啊啊，九條先生！之前就有聽清原提起您。我是京野紗耶香。

⋯⋯⋯

若是認錯人的話抱歉了。妳是MACHINE LEARNING 嗎？

你該不會是LINE9吧？

嗯？

果然！

唉？唉？

你們兩人認識……？

嗯！網遊朋友！

我不是說過有位熟悉機器學習的朋友嗎？

……啊。

這個方法的確有可能做到。九條先生謝謝你。

不會。最近認識的網遊朋友對機器學習這塊很熟，稍微聊了一下後，她就推薦這本雜誌給我。

啊！

冥冥之中就猜到是這樣，果然跟預想的一樣！

甚歡

我也是。聽到工作的內容時，就想說「該不會」…

相談

……！

這樣啊。所以，非監督式學習的時候，學姊才會來找我啊。

我也會幫你問問看之前推薦我深度學習雜誌的網遊朋友的。

喔！非常謝謝你！

清原學弟該不會在機器學習上遇到困難～？

這個嘛，那個時候的清原看起來一個頭兩個大，我就稍微伸出援手了……

？

啊……

九條先生！！

那麼，
之後就是理論！

實踐！

實作！

就靠這三重奏，
一起努力工作吧！

喔！

嗯！

首先，要先把這間
辦公室搞定才行——

啊！先讓我把身上的
套裝換成運動服。

好的！

之後，
清原就跟心上人
在同一個職場小鹿亂撞。

請不要加入
奇怪的旁白！

我回來了——

我也要休息一下～

九條先生！

日文參考文獻

●人工知能技術
谷口忠大『イラストで学ぶ 人工知能概論』(講談社) 2014

●機械學習技術
杉山『イラストで学ぶ機械学習　最小二 法による識別モデル学習を中心に』(講談社) 2013
平井有三『はじめてのパターン認識』(森北出版) 2012
高村大也『言語 理のための機械学習入門 (自然言語 理シリーズ)』(コロナ社) 2010
荒木雅弘『フリーソフトではじめる機械学習入門 (第 2 版)』(森北出版) 2018

●迴歸
橋信『マンガでわかる統計学 回 分析編』(オーム社) 2005

●識別
石井健一郎 / 前田英作 / 上田修功 / 村瀬 洋『わかりやすいパターン認識』(オーム社) 1998
荒木雅弘『フリーソフトでつくる音声認識システム・パターン認識 機械学習の初 から 話シ
ステムまで - (第 2 版)』(森北出版) 2017

●深度學習
Francois Chollet (著)/ 籠悠輔 (監)『Python と Keras によるディープラーニング』(マイ
ナビ出版) 2018
籠悠輔『詳解 ディープラーニング ~TensorFlow　Keras による時系列データ 理~』(マイナ
ビ出版) 2017
小池誠 他『人工知能を作る . Interface 2018 年 4 月号 刊』(CQ 出版) 2018

●非監督式學習
石井健一郎 / 上田修功『　わかりやすいパターン認識 教師なし学習入門 -』(オーム社)
2014
石 勝 / 林浩平『関係データ学習 (機械学習プロフェッショナルシリーズ)』(講談社) 2016

索 引

〈作者簡介〉
荒木　雅弘（あらき　まさひろ）

1998 年取得（工學）博士學位（日本京都大學）。
1999 年曾任京都工藝纖維大學工藝學系助理教授。
2007 年起任職京都工藝纖維大學工藝科學研究科副教授。

〈日文著作〉
《語音對話系統》(『音声対話システム』合著，歐姆社)
《用免費軟體建構語音辨識系統 從模式辨識、基本機器學習到對話系統》(『フリーソフトでつくる音声認識システム パターン認識・機械学習の初歩から対話システムまで』森北出版)
《用免費軟體學習語意網與相關互動》(『フリーソフトで学ぶセマンティック Web とインタラクション』森北出版)
《用免費軟體開始機器學習入門》(『フリーソフトではじめる機械学習入門』森北出版)
《圖解語音辨識》(『イラストで学ぶ 音声認識』講談社)

◉ 作　畫　渡真加奈
◉ 製　作　Verte 股份有限公司：新井聰史

Note

國家圖書館出版品預行編目資料

世界第一簡單機器學習/ 荒木雅弘著 ; 衛宮紘
譯. -- 初版. -- 新北市 : 世茂, 2019.04
　　面 ; 　公分 -- (科學視界 ; 231)
　ISBN 978-957-8799-70-7(平裝)

1.人工智慧

312.831　　　　　　　　　108001163

科學視界231

世界第一簡單機器學習

作　　者／荒木雅弘
譯　　者／衛宮紘
主　　編／陳文君
責任編輯／曾沛琳
出 版 者／世茂出版有限公司
地　　址／(231)新北市新店區民生路19號5樓
電　　話／(02)2218-3277
傳　　真／(02)2218-3239（訂書專線）、(02)2218-7539
劃撥帳號／19911841
戶　　名／世茂出版有限公司
　　　　　　單次郵購總金額未滿500元（含），請加60元掛號費
世茂官網／www.coolbooks.com.tw
排版製版／辰皓國際出版製作有限公司
印　　刷／世和彩色印刷股份有限公司
初版一刷／2019年4月
　　二刷／2020年11月

I S B N／978-957-8799-70-7
定　　價／320元

Original Japanese language edition
Manga de Wakaru Kikaigakushu
by Masahiro Araki, Makana Watari and Verte Corp.
Copyright © 2018 Masahiro Araki, Makana Watari and Verte Corp.
Traditional Chinese translation rights in complex characters arranged with Ohmsha, Ltd.
through Japan UNI Agency, Inc., Tokyo